环境艺术设计的原理与快速表现技法研究

傅毅　吕明　李硕　著

中国纺织出版社

内 容 提 要

本书主要围绕环境艺术设计的原理与快速表现技法进行具体的探讨。内容包括：环境艺术设计概述（概念、特征、本质、功能、意义、相关理念），环境艺术设计的发展历程（古时期的环境艺术设计、近代环境艺术设计、现代与后现代环境艺术设计），环境艺术设计的基本要素（形、色、光、材质），环境艺术设计的程序与方法（程序、任务分析、方案的构思与深入、模型制作），城市空间的环境艺术设计（步行空间、街道空间、广场空间），环境艺术设计的快速表现技法（快速表现工具、原则、透视图画法）。本书的适用人群为环境艺术设计方向的教师及学生。

图书在版编目（CIP）数据

环境艺术设计的原理与快速表现技法研究 / 傅毅，吕明，李硕著. —北京：中国纺织出版社，2018.1（2022.1 重印）

ISBN 978－7－5180－3629－5

Ⅰ. ①环… Ⅱ. ①傅… ②吕… ③李… Ⅲ. ①环境设计—绘画技法 Ⅳ. ①TU－856

中国版本图书馆 CIP 数据核字（2017）第 119263 号

责任编辑：武洋洋　　　　责任印制：储志伟

中国纺织出版社出版发行

地址：北京市朝阳区百子湾东里 A407 号楼　邮政编码：100124

销售电话：010－67004422　传真：010－87155801

http：//www. c－textilep. com

E－mail：faxing@ e－textilep. com

中国纺织出版社天猫旗舰店

官方微博 http：//www. weibo. com/2119887771

北京市金木堂数码科技有限公司印刷　　各地新华书店经销

2018 年 1 月第 1 版　　2022年1月第11次印刷

开本：710×1000　1/16　印张：14. 125

字数：251 千字　定价：60. 50 元

作者简介

傅毅，1993年毕业于鲁迅美术学院环境艺术系，同年进入沈阳建筑工程学院建筑系，担任环境艺术设计教学科研设计工作。1994年成为辽宁省装饰协会会员。1997年翌诚环境艺术空间设计所设计总监，凯程装饰公司总经理。沈阳市家装协会副会长，沈阳励志家具设计工程有限公司副总经理。1998年在沈阳建筑工程学院建筑设计与理论硕士研究生班进修，现为沈阳建筑大学设计艺术学院副教授。2005年被辽宁省装饰协会评为辽宁省有成就的资深室内设计师。2006年中国建筑装饰协会评为全国百名杰出的中青年室内建筑师。2007年任职鲁迅美术学院艺术工程总公司副总经理。现为中国建筑装饰协会会员，辽宁省装饰协会设计师分会理事。

个人设计作品：沈阳比豪斯娱乐酒吧、沈阳紫色酒吧吧室内外装饰设计；南京华世博纪娱乐中心装饰设计；太原国府肥牛店室内装修设计；鞍山兴东集团大厦室内外装修设计及施工；威海甲午海战博物馆展陈设计方案及施工；营口鲅鱼圈忆江南温泉度假酒店室内外环境艺术装修设计；内蒙通辽碧海云天洗浴餐饮度假酒店室内外装修设计；吉林杨靖宇将军纪念馆展陈方案设计及施工；朝阳赵尚志将军纪念馆展陈方案设计及施工；浙江台州市博物馆展陈室内设计；沈阳乐山餐饮集团一部酒家 二部鲍翅楼室内外装修设计与施工；沈阳品粤轩酒家室内装修设计及施工；主持黑龙江省佳木斯市度假水上乐园规划、建筑、景观等室内外环境艺术设计。

吕明，男，讲师，1982年9月出生，辽宁省营口市人，2005年毕业于沈阳建筑大学设计艺术学院，毕业后留校任教，2012年取得硕士学位，从事产品设计及相关理论研究，主要教授模型设计与制作、形态设计、立体构成等实践教学相关课程。工作期间公开发表论文20余篇，取得国家级专利25项，参与完成省部级科研项目15项，科研进款20余万元，参与编写出版物12部，多次获得辽宁省普通高等学校本科大学生工业设计大赛"优秀指导教师"称号，2014年9月入选辽宁省第八批"百千万人才工程"万人层次。

李硕，女，1983年10月出生于辽宁省铁岭市，中共党员。2001.9－2005.7沈阳建筑大学设计艺术学院工业设计专业本科。2005.9－2008.3沈阳理工大学艺术设计学院设计艺术学专业硕士研究生。现任沈阳工学院艺术与传媒学院产品设计系主任，副教授。主要从事产品造型设计及相关的理论和实践教学，主要讲授模型制作、产品展示设计、公共设施设计等课程，编写《家具设计》、《解析家装密码系列图书》，在国内各大刊物上发表论文十余篇，获得产品外观专利12项，参与完成省部级科研项目6项，多次指导辽宁省大学生创新创业训练计划项目，近三年指导学生参加辽宁省工业设计大赛获奖15人次。

前　言

随着改革开放的不断深入，经济发展水平的日益提高，城市化进程速度的加快，人们越来越希望通过“设计”来改造生活环境，于是对环境艺术设计这一学科提出了更高的要求。显然，环境艺术设计近些年来在我国有了快速的发展，但需要指出的是，它仍处于初级发展阶段。

为了在一定程度上推动环境艺术设计的发展，对其进行更加深入的研究，填补环境艺术设计原理与快速表现技法方面的空白，作者撰写了本书。

本书共分六章，其中第四、五章为沈阳工学院李硕老师所撰写。第一章主要围绕环境艺术设计进行大致阐述，包括环境艺术设计的概念、本质、特征、功能、意义以及相关理念等内容；第二章对环境艺术设计的发展历程进行了具体探讨，内容包括古时期的环境艺术设计、近代环境艺术设计、现代与后现代环境艺术设计；第三章侧重阐述环境艺术设计的基本要素，内容包括形体、色彩、材质以及光影；第四章主要围绕环境艺术设计的程序与方法进行具体阐述；第五章对城市空间的环境艺术设计做出了一番探讨，内容包括城市步行空间的环境艺术设计、城市街道空间的环境艺术设计以及城市广场空间的环境艺术设计；第六章作为全书的最后一章，重点讨论了环境艺术设计的快速表现技法，包括环境艺术设计快速效果表现的工具与原则，环境艺术设计透视图与画法等内容。

本书从基本概念出发建立基本理论体系，同时结合一些最新的设计实例，以激发读者的阅读兴趣，增强读者对环境艺术设计原理与快速表现技法的全面认识和理解，并且达到开阔读者学习思维的目的。

本书是在参考大量文献的基础上，结合作者多年的教学与研究经验撰写而成的。在本书的撰写过程中，作者得到了许多专家学者的帮助，在这里表示真诚的感谢。另外，由于作者的水平有限，虽然经过了反复的修改，但是书中仍然不免会有疏漏与不足，恳请广大读者给予批评与指正。

编者

2017 年 5 月

目　录

第一章　环境艺术设计概述

环境艺术内涵宽泛，富有动态性变化，具有欣赏的和实用的双重性质，已成为多种要素综合性艺术体系，环境艺术就是用艺术的手段优化完善生存空间，这一艺术形式与生活联系更加密切。

第一节　环境艺术设计的概念与本质

本节主要针对环境艺术设计的概念与本质展开研究，从多个角度全面通观环境艺术设计的基本内涵。

一、概念

随着经济、文化和社会的发展，环境艺术设计应需而产生，作为一门新兴学科，不同于过去的立足点和视野，这是一种人们对自身生存环境日益迫切的艺术形式，更加符合人类的行为和心理需求。由于人们意识到环境生态化与可持续性发展的要求，“环境艺术”成为具有更高审美价值的一门新学科。

（一）环境

随着人类社会的发展，人类活动的领域大大扩展，环境作为人类生存与发展的基本空间，是一种外部客观物质存在，对主体的行为产生影响，对人类而言，交通工具、信息传递手段日新月异，围绕着主体，环境等外界事物为人类生活和生产活动提供了物质条件，当然，人类也按照自身的需要，创建改造着环境。

1. 定义

目前，按照规模以及远近程度，环境可分为聚落环境、地理环境、地质环境和宇宙环境四个层级。其中，聚落环境与我们关系最为密切，包括城市环境和村落环境，具体隐含如下四个部分。

（1）原生环境。原生环境又成为第一环境，指自然界中尚未被人类开发的领域，也就是自然环境，由山脉、平原、草原、森林、水域、水滨、风、雨、雪、霜、雾、阳光、温度等自然构成。在中国古代哲学中，早已把自然看作是有生命的，对大地充满了浓厚的感情。此外，现代研究也越来越能证明自然是有生命的，是人类赖以生存和发展的环境，有巨大的经济价值、生态价值以及文化价值（图1－1－1）。

（2）次生环境。次生环境又称为第二环境，是指被改造的山脉、河流、湖泊、草原等，也就是人类改造、加工过的自然环境，包括田野、自然保护区、森林公园等。这样的环境能充分体现自然环境的价值（图1－1－2）。

图1－1－1　黄山自然景观

图1－1－2　埃菲尔铁塔

（3）人工环境。人工环境又称为第三环境，是人工建造的景观、建筑、艺术品及各项环境设施，包括公园、滨水区、广场、街道、住区景观、庭园景观等，根据用途不同，有如下分类。

①建筑物：分为住宅、办公、商业、旅游、观演、文教、纪念等类型。

②构筑物：分为廊、桥、塔等类型。

③艺术品：分为雕塑、壁画（饰）、构造小品等类型。

（4）社会环境。社会环境又称为第四环境，指人与人之间的社会环境系统，由政治、经济、文化等各种因素构成，从自然生态体系中分化出来，由人自身所创造，包括社会结构、生活方式、价值观念和历史传统等。

2. 构成

环境由实体与空间组成，近现代，随着工业的发展和生活状况的迅速改善，人们对环境的要求不断提高。环境功能以及形态日益多样，公共空间形象如街道、广场、国家公园、主题公园等都在扩展更新。其中，自然物、建筑物、构筑物、环境设施等构成实体部分，空间和实体相互依存。实体作为一种物质产品，由创造者构思、设计，形成感官可及的形式，满足人们的实用功能空间（图1－1－3）。

图1－1－3　美国住宅花园

在环境艺术设计领域，空间通常由以下两种方式构成，一是实体围合，形成空间；二是实体占领，形成空间。对于城市中的环境来说，大多是围合形成。占领的构成方法与环境相辅相成，如天安门广场的纪念碑，就是由纪念碑的占领而构成的空间，当人们置身于天安门广场上，在纪念碑旁环视，则感觉是一个围合的空间（图1－1－4）。

此外，在围合空间中，物质实体要素构成界面，决定空间形状。实体要素间的比例尺度和相互关系决定空间比例、尺度、体量和基本形式，实

图1-1-4　天安门纪念碑

体要素的色彩、质感影响空间表情。一般来讲，围合空间容易产生向心、内聚的心理感受，如我国传统的四合院（图1-1-5）。

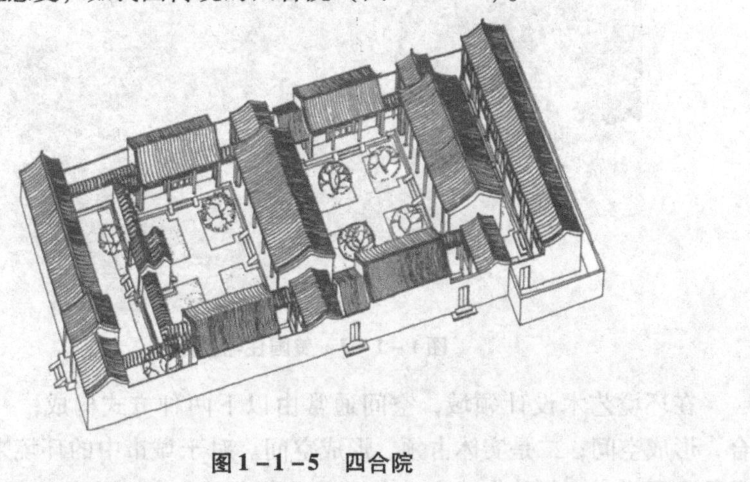

图1-1-5　四合院

（二）行为与环境

环境艺术设计的基本设计思想就是“以人为本”，也就是把人类的行为与其相应的环境联合起来加以分析。

1. 环境行为学

目前，环境艺术设计的基本设计思想就是“以人为本”，把人类的行为与其相应的环境联合起来加以分析，环境行为学也成为环境心理学，是指设计工作必须重视人的心理与行为需求，并将其引入到环境艺术设计当中。在设计中，进行大量的研究，包括物质的、社会的和文化的，再将它们应用到具体设计之中，综合进行设计研究（图1－1－6）。

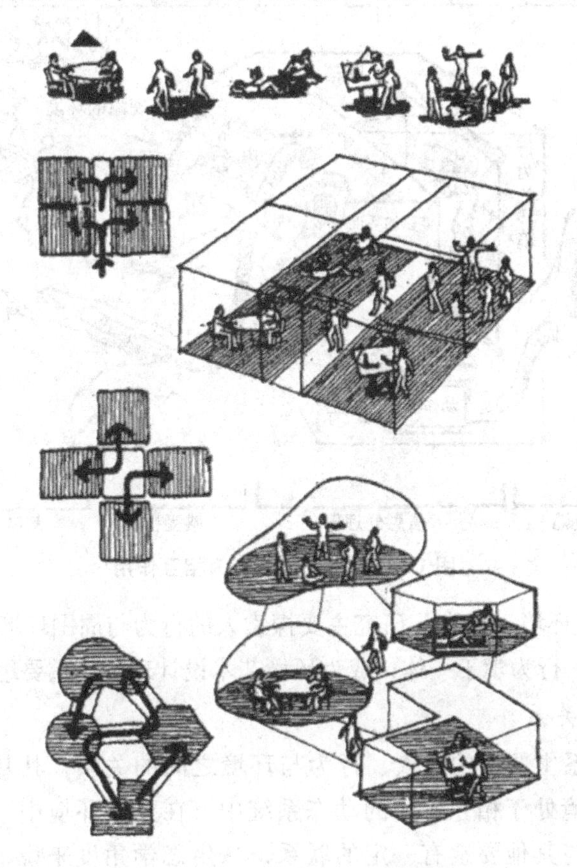

图1－1－6　人的行为与建筑环境

通常，环境设计成功的前提是设计者为使用者的行为建立服务思想，设计过程围绕的就是如何满足使用者的需要而展开。但是，目前许多设计师没有这样的理念，往往推卸责任，在设计中过于主观，片面追求个性。追逐流派，主观臆断、闭门造车，缺乏对使用者的深入了解。

20世纪70年代，环境行为学在美国迅速发展，随后英国、德国、日本与北欧的许多国家都出版相关教科书。20世纪50年代中期，美国城市学家凯文·林奇运用心理学“图式”理论，以普通市民对城市的感受为出发点，开始研究人们对不同城市的意向，建立了城市印象性组成要素，找出心理形象与真实环境的联系，总结城市设计的依据。此外，其他一些心理学家也开始研究建筑、城市与环境的物质功能、社会背景、文化背景，从而深化了环境与行为的研究（图1-1-7）。

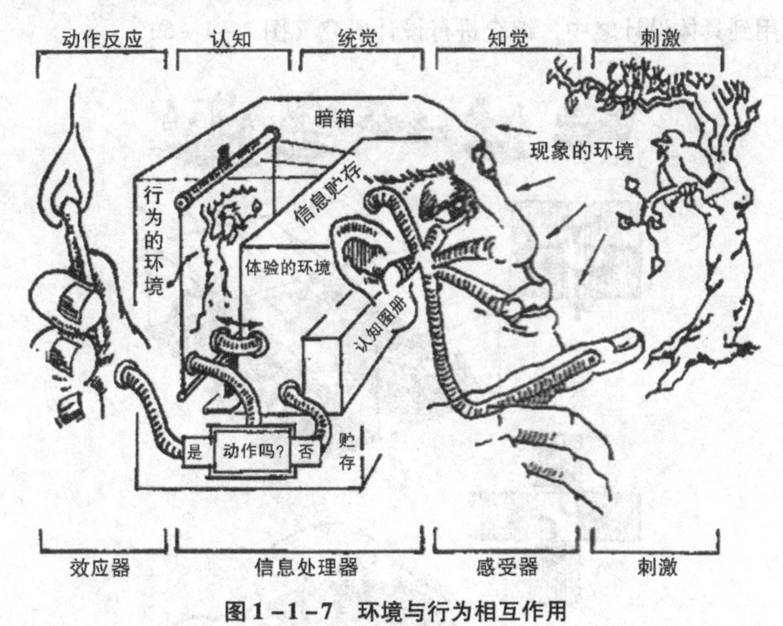

图1-1-7　环境与行为相互作用

目前，“环境—行为”研究主要探索人的行为与周围环境之间的关系，融合心理学、行为学于一体，成为环境艺术设计理论的重要组成部分。

2. 相互关系

相互关系主要指的是人、行为与环境之间的关系，其基本观点是人的行为与环境处于相互作用的动态系统中，在整体环境中，人只是一个组成要素，与其他要素有一定的联系，从生态学角度来说，机体、行为与环境是一个完整体系。另外，从心理学角度来说，人不仅是环境的客体，受环境影响，同时也积极改造环境，二者始终处于积极互动的过程中。

例如，我国福建省永定县是客家人聚居的地方，其建筑呈现巨大的圆形住宅楼。客家人为自身安全，修建此类住宅集体聚居，防范抵御土匪攻击。这种生活习惯一直延续至今（图1-1-8）。

图1-1-8　客家民宅

此外，为了研究环境对人生活所产生影响的途径和方式，杨·盖尔对街头景象作了仔细地观察，并得出结论，指出户外活动的综合景象受到许多条件的影响，物质环境是其中的重要因素，在不同的程度上以不同方式影响着它们，并将人的日常生活大致划分为必要性活动、自发性活动和社会性活动三种类型。

环境影响人的行为，并在一定程度上给以限制、鼓励、启发和暗示，但环境通常不易改变行为的基本方向。例如，教室对学生的影响，教室设计的好坏难以决定学生的成绩。

由此可见，人不仅可以被动地适应环境，还能主动地改变环境，从而使环境更好地满足人类的需要。当然，环境对人的行为乃至心理，在一定程度上，也是起着重大影响。美国心理学家瓦特逊率先系统研究行为主义心理学，提出S-R（刺激—反应）的行为基本模式，但我们要注意，在他的学说中，把人当作没有思想的动物和机器，是明显的不足。

在环境与行为的研究中，对于“实用、经济、美观”的传统设计原则来说，新时期的研究对其进一步进行了深化和发展，在研究中。把环境的实用性当作最重要课题，不仅在研究中涉及使用者的生理需要、活动模式，还包括使用者的心理与社会文化需要。

由此可见，环境艺术设计不是一门狭隘的学科，它涉及许多学科领域，从而有效探索行为机制与环境关系，这种研究更加符合人们的物质与精神需求。可以说，环境艺术设计是为人服务的，了解特定的环境场所与行为规律，可以对环境艺术设计起到很大的指导和启发作用。

例如，日本著名建筑师设计的加藤学园，就充分体现了这一宗旨——创造孩子们的环境。在设计中，它采用开放式布局形式，使门厅、走廊与教室灵活分割，相互渗透，再将门厅、走廊由单一功能变为多功能空间，同时对建筑整体和细部造型、尺寸、色彩也作了精心设计（图1-1-9）。

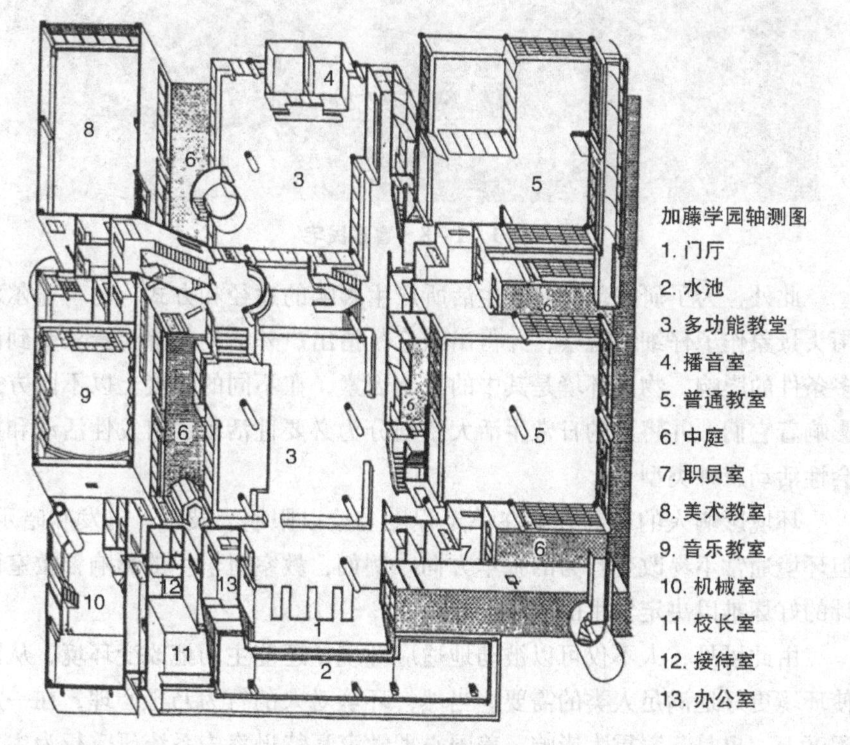

图1-1-9　日本加藤学园

3. 人的基本需要

对于正确理解环境与行为，首先就要对人的基本需要有整体的了解，通常，对于人的基本需要一般分为若干层次，从低级到高级分别排成以下梯级。

①生理的需要：饥、渴、寒、暖等。

②安全的需要：安全感、领域感、私密性等。

③相互关系和爱的需要：情感、归属某小团体、家庭、亲属、好朋友等。

④尊重的需要：威信、自尊、受到他人的尊重等。

⑤自我实现的需要。

⑥学习与美学的需要。

4. 领域与个人空间

领域指的是个体、成对或群组所占有的空间以及领地范围，这一概念可以有围墙等具体界限，也可以有象征性的概念，不仅有边界性的标志，也可以有大略的模糊界限，因此，学者阿尔托曼将领域的种类，做了如下三种区分。

（1）主要领域：专门由个人或群体使用，领域划分明确，具有永久性和私密性。

（2）次要领域：领域中心感不强，排他性关系弱，但是群体常去之地，如私人俱乐部、酒吧等。

（3）公共领域：没有管辖权限，个人及群体对这些地方的占有都是暂时的，如公园、公共交通等。

此外，著名学者拉曼与斯考特也对高度流动性的领域进行了分层（图1－1－10），将它们分成了以下四个层次。即公共领域、交往空间、家和个人身体。因此，在研究中，要研究人特定领域中的行为规律性，预测使用者活动状态，同时将个性化空间与可防卫空间的概念，在环境艺术设计中充分体现。

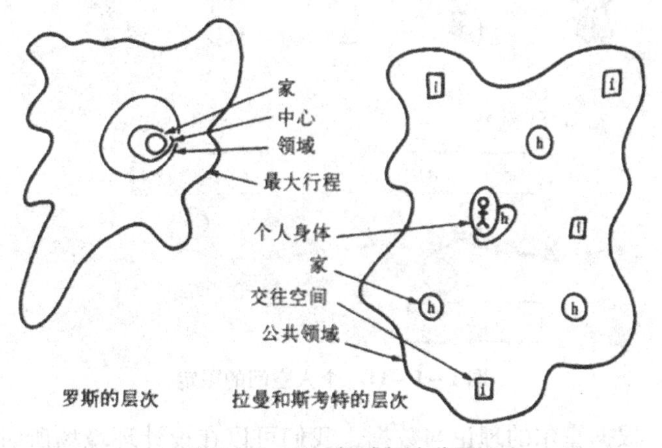

图1－1－10　领域行为分层

此外，霍尔指出，如果细心观察停在电线上的小鸟，就能够发现小鸟彼此之间都保持着一定的距离，或者换句话说，同类的动物只有被默许或被邀请，才能够进入其他动物的个体空间（图1－1－11）。

霍尔在他的《无声的语言》中，把人际距离分为四类，分别是亲密的距离、个人空间的距离、社交距离以及公共距离（图1－1－12）。

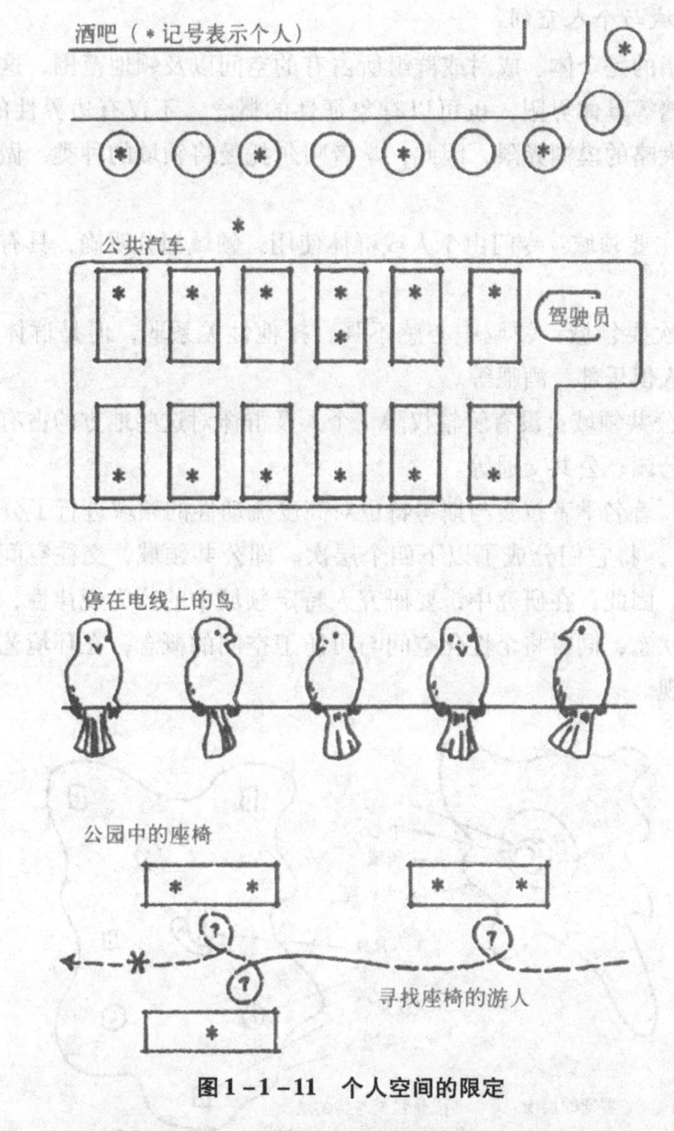

图1－1－11　个人空间的限定

由此，根据霍尔的理论与数据，我们可以在设计环境场所时，根据场所的功能、性质、使用者的相互关系及接触的密切程度来决定环境的舒适程度以及选用什么样的设施。当然，我们还应该注意到的是，影响人际距离的因素很多，因此，在设计过程中，我们要考虑需求者的年龄与性别；文化与种族；社会地位；个人的生理、心理特征；生活中的情绪与个性；所处环境与情景。

图1－1－12　人际距离

5. 私密性与交往

人对接近自己或自己所在群体的选择性控制，可以体现出私密性，归纳私密性的特征，能够看出它具有独处、亲密、匿名和保留四个特征。环境的私密性，能够给人以个人感，使人按照自己的想法支配环境，不受干扰，自然充分地表达感情，从而进行准确的自我评价，达成自我认同，实现个人在环境中的价值。

对于私密性的理想状态，往往可以通过两种方式来获得，其一是利用空间的控制机制，其二是利用不同文化的行为规范，通过这两种方式来调节人与人之间的接触。在人类社会发展过程中，不仅需要私密性，同时也更需要社会交往。因此，对每个人来说，私密性的小天地和与人接触的大环境同样重要。

因此，基于对私密性的理解，在环境艺术设计中，其重要的一个基本点就在于创造条件求得平衡与满足，因此，在设计中，环境艺术设计师应与建筑师、规划师一起，加强沟通，促进交流。此外，在社会生活中，避免拥挤感的根本办法，就是为使用者提供足够宽敞的空间，避免刺激超荷，控制人的密度知觉，降低拥挤感。

因此，在环境设计中，可以利用分隔来减少相互干扰、降低环境信息输出量，避免信息过载，有效减少拥挤感。

（三）人的行为

行为是人同环境的相互作用，人通过行为去接近环境，因此，可以把人的行为总结为以下内容。

1. 空间中人的行为

空间中人的行为往往可以总结概括为以下几种。

（1）空间秩序，行为在时间上的规律性和一定的倾向性。

（2）空间中人的流动，即人在空间中的位置移动。

（3）空间中人的分布，即人在空间中的定位。

（4）空间的对应状态，即人活动时的心理和精神状态。

其中，对于第二点人在空间中的流动，又可以分为以下四点内容。

（1）避难、上学、上班等两点之间的位置移动。

（2）购物、游园和参观等随意流动。

（3）散步、郊游等移动性质的流动。

（4）流动的停滞状态。

此外，关于行为习性，往往是指在长期、持续和稳定的状态下，人的生物、社会和文化属性与特定的物质和社会环境相交互的作用。如动作性行为习性，有抄近路（图 1－1－13）、靠右（左）侧通行（图 1－1－14）、逆时针转向（图 1－1－15）、依靠性（图 1－1－16）。

图 1－1－13　抄近路

图 1－1－14　靠右（左）侧通行

图 1－1－15　逆时针转向

图 1－1－16　依靠性

2. 体验性行为习性

体验性行为习性主要分为以下三种。

（1）看人也为人所看，如图 1－1－17 所示。

图 1－1－17　看人也为人所看

（2）围观，如图 1－1－18 所示。

（3）安静与凝思，如图 1－1－19 所示。

图 1－1－18　围观

图 1－1－19　安静与凝思

阿尔托曼的《环境与行为》一书重点分析了空间行为方式中的四个重要概念，也就是私密性、个人空间、领域与拥挤，他在书中还探讨了它们之间的相互关系（图1－1－20）。

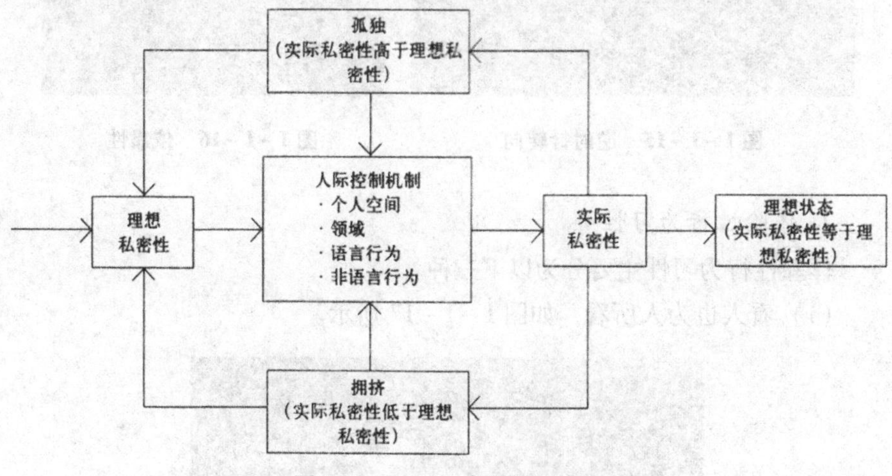

图1－1－20 概念间相互关系

（四）设计

设计是人们建立起来的与世界关系的一种手段，是我们与外界建立联系的媒介。在设计中，人们以反映才智技能和自觉意志为目标，是一种寻求解决问题途径的实践活动。

“设计”在文艺复兴前后的意义为：“艺术家心中的创作意念”，发展到18世纪后期，设计的意义有所拓展，在《大不列颠百科辞典》中，有对设计的解释，将其定义为：艺术作品的线条、形状，在比例、动态和审美方面的协调。由此可以说，设计是从平面、立体、色彩、结构、轮廓的构成等诸多方面展开的一种思考，随着社会不断地发展，直到现代，“设计”的概念才得以最终形成。

目前，关于设计的定义有很多，可总结如下。

（1）设计是“面临不确定情形，其失误代价极高的决策”——阿西莫夫《设计导论》。

（2）设计是“在我们对最终结果感到自信之前，对我们要做的东西所进行的模拟”——鲍克《工程设计教学论文集》。

（3）设计是“一种创造性活动——创造前所未有的、新颖的东西”——李斯威克《工程设计中心简介》。

（4）设计是“从现存事实转向未来可能的一种想象跃迁”——佩奇《给人用的建筑》。

（5）设计是“在特定情形下，向真正的总体需要提供的最佳解答”——玛切特《创造性工作中的思维控制》。

（6）设计是指进行某种创造时计划、方案的展开过程，即头脑中的构思——第15版的《大不列颠百科全书》。

此外，张道一先生对设计的涵义有更加清晰的理解，在他所主编的《工业设计全书》中对“设计”的定义如下。

①设计是围绕某一目的而展开的计划方案或设计方案，是思维、创造的动态过程，其结果最终以某种符号（语言、文字、图样及模型等）表达出来。

②设计是一个涵义非常广泛的词，使用该词时，一般应加适当的前置词加以限定，来表达一个完整而准确的意思。

③设计具有动词和名词的双重词性。

（五）设计思维

设计思维包括的内容很多，在环境设计中主要有以下几种，现综合介绍如下。

1. 思维

思维是在表象、概念的基础上进行分析、综合、判断的过程。思维是人类特有的一种精神活动，它从社会实践中产生，一般由思维主体、思维客体、思维工具、思维协调四个方面组成。其中，主体是人，客体是思维的对象，工具由概念和形象组成，协调是在思维过程中，多种思维方式的整合。

2. 环境思维

环境思维是认识的高级形式，是人脑对环境的反映，能够揭露环境的本质特征和内部联系。它不同于感知觉，是在获取大量感性材料的基础上，进行的推理和联想，从而进展到设计思维。

3. 设计思维

设计存在着复杂的思维活动，是多种思维的整合，是科学思维的逻辑性和艺术思维的形象性相结合的整体，具有相对独立性。其中，创造性思维是设计的核心，具有主动性、目的性、预见性、求异性、发散性、独创性和灵活性，是科学与艺术相结合的产物。

在设计思维中，逻辑思维是基础，形象思维是表现，在实际思维过程中，两种思维互相渗透、相融共生。由此可见，设计思维的综合性体现了设计思维的辩证逻辑关系。

（六）环境艺术

环境艺术是艺术活动在环境中的渗透，艺术与环境结合的愈来愈密切，因此，我们应该从新角度，以新眼光重新审视艺术现代艺术环境设计、文化发展中的地位和作用。需要注意的是，环境艺术与某些概念不同，因此，我们要在使用中加以区别对待。

此外，人们从宏观文化角度，运用传统观点探索环境与艺术的关系，进而发展成环境艺术这一门类（图1－1－21）。

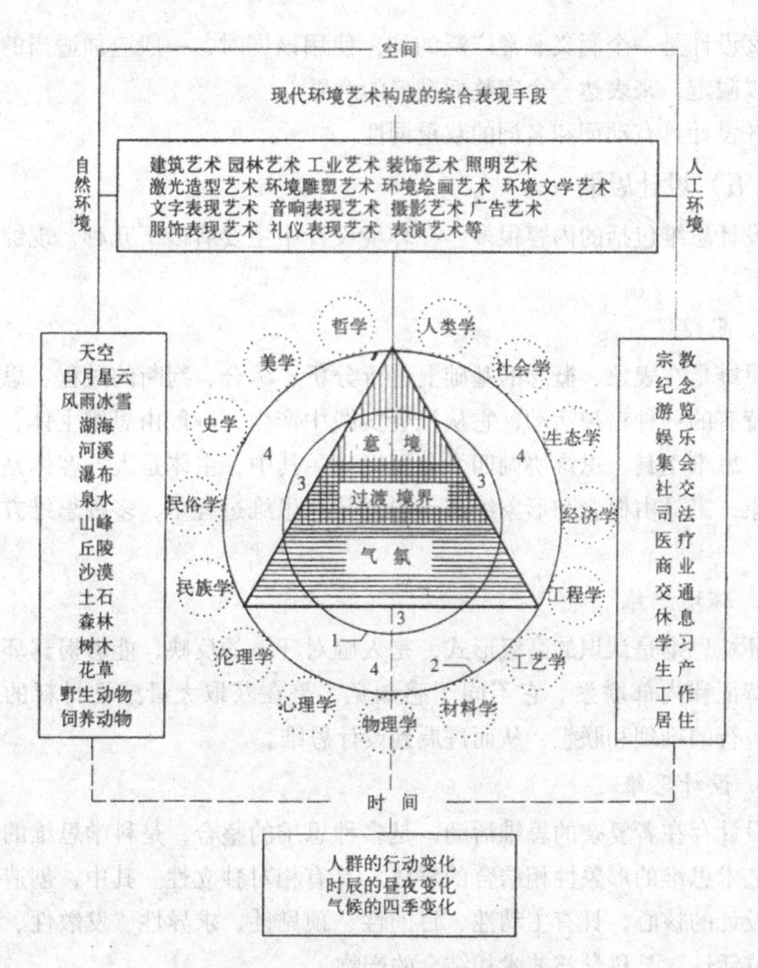

图1－1－21　环境艺术构成系统

1. 实用艺术

20世纪60年代，环境设计作为一种实用艺术，在艺术实践中与人的机能密切联系，使环境事物有了视觉秩序，而且还有效地加强和表现了人所拥有的领域。环境艺术设计强调最大限度地满足使用者多层次的功能需求（图1-1-22），既满足人的物质要求，又满足人的社会心理需求，同时还要满足审美需要。

图1-1-22　都市绿洲

2. 感受艺术

环境艺术充分调动各种艺术和技术手段，通过多种渠道传递信息，创造一定的环境气氛和主题。因此，环境艺术要求设计师综合利用各种环境表达要素，并且能够在各要素间，构成不同的关系，调动人们的综合感觉，激发人的推理和联想，使人产生情绪情感共鸣。

3. 整体艺术

整体艺术源自英国杰出建筑师和城市规划师F·吉伯德，他在《市镇设计》一书中认为，环境诸要素和谐地组合在一起时，会产生综合艺术效果，也就是 $A+B+C=X>ABC$。

环境艺术将诸多因素与休闲设施有机地组合成一个多层次的整体。不论建筑物作为一个单一物件有多美，但如果在感觉上不能与所在环境相融合，就不是一座好的建筑。

由此可见，环境不单是地段条件的简单反映，更是格局的统一，空间的呼应，材料、色彩和细部的和谐。这种整体美，能在较大尺度的范围内充分表现物象形态，同时又能够有机结合秩序，综合艺术设计整体精神。

可见，只有整体才是美的（图1－1－23）。

图1－1－23　Saltan Oaboos 大学设计图

由此可见，环境艺术是多学科交叉的系统艺术。与建筑学、艺术学、人体工程学、环境心理学、美学、符号学、文化学、社会学、地理学、物理学、生态学、地质学、气象学等众多学科都相互联系。在设计实践中，它们不是简单的机械综合，而是一种互补的有机结合关系。可见，环境艺术中的各种具体形态，能够在设计中构成整个系统的框架，好似人体骨架与血肉的关系（图1－1－24）。

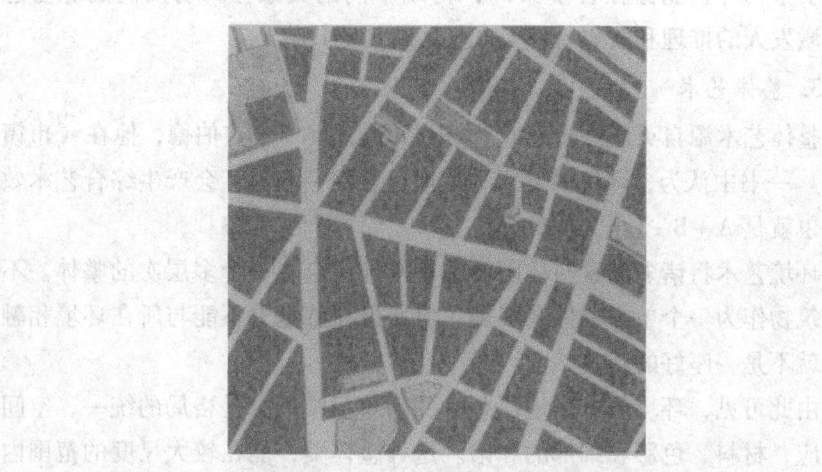

图1－1－24　柏林海尔姆霍尔茨广场

4. 时限艺术

形成成熟环境需要设计者长时间地进行接力式的创造活动。因此，在设计中，每一个设计者都既要以长远的目光向前看，又不能割断历史文脉，从而保持对每一具体事物与整体环境的相关连续性，进而建立起和谐的对话关系（图1－1－25）。

图1－1－25　天津鼓楼步行街

环境艺术是一个动态开放的系统，处于发展状态中，是动态平衡的系统。在环境变化中，技术的发展每次都会有新突破，它借人环境艺术领域，在整个设计过程中，运用时间观念，持续不断地进行自由设计。

（七）环境艺术设计

环境艺术设计是设计者根据人们的要求，在建造之前，运用各种艺术手段和技术手段对建造计划、施工过程和使用过程中的问题提前做好的全盘考虑，并进一步用相应形式表达出来的创作过程。

1. 成果

在环境艺术设计中，其初步成果、设计方案是环境开发建设过程中各环节互相配合协作的依据。

（1）政策

政策又被称为计划型成果，包括环境政策、规划方案、设计导引三种形式。是对整体环境建设进行管理控制的框架性文件，主要表现为条例、法规、方案等对政策的形象描绘，是规划图和规划说明的一种，能够导引、保证整体环境质量。

（2）工程

工程又被称为产品型成果，是指针对某一待建场所提出的具体施工方案，通常包括项目设计可行性论证报告、设计说明、透视效果图、配置施工图、细部节点构造图、工程造价预算等。

2. 原则与评价标准

环境艺术设计的原则和评价标准，主要包括如下内容。

（1）功能原则：主要指物质功能，也就是处理好自然环境、人工条件与环境内部的实用功能。

（2）形式原则：要做到建筑与自然景观之间的协调组合；减弱人工与自然的矛盾，注意各美感要素的运用，强调文脉与时空连续性。

（3）材料与技术原则：材料是设计的物质基础，技术是实现设计的重要手段。设计者要掌握好材料与技术之间的关系。

（4）整合优化原则：强调建筑师、规划师、艺术家、园艺师、工程师、心理学家等与环境艺术设计师之间的合作，一起完成环境艺术设计，强调学科间的交叉整合。

（5）识别性与创新性原则：环境艺术设计不仅要遵循一般设计原则，同时还要在设计中有个性，要有独创性。

（6）尊重公众意识原则：环境艺术的审美价值，已逐渐转向情理兼容的新人文主义，审美经验也逐渐开始强调群众意识。可以说，当代环境艺术设计已逐渐走向了更符合大众性的道路。

（7）未来可能性原则：环境艺术设计不可违背生态要求，要遵循可持续发展原则，提倡绿色运动，使环境能够有效地进行“新陈代谢”，从而获得更好的发展。

二、本质

环境艺术设计的本质与概念密切相关，通过对概念的把握，我们可以分析环境艺术设计的本质如下。

（一）物质与精神的统一

在人类发展过程中，人们不断的认识自然、了解自然，并进而改造自然。对于不同的民族、地区、社会制度、文化传统、时代来说，对自然的适应和改变能力都不相同。因此，创造出来的人为事物也就相应的会是多元化的。因此，对于环境艺术来说，它是一种具有人为事物的物质和精神双重结合体的艺术。

首先，对于其物质性来说，主要表现有两个。第一是表现为包括空气、阳光、风霜、雨雪等在内的组成环境的物质因素。它们可以说是环境艺术的基本特点。第二是表现为环境艺术的设计与完成，通过生产技术、工艺，进行物质改造与生产，带有明显的实用性。

其次，人的精神活动和文化创造往往在环境设计中能够形成特定的风格与特征，进而形成不同的环境特色，对于现代城市设计来说，不同的人文风格往往形成截然不同的特征，进而反映出民族、时代的历史特征与审美风尚等。

（二）感性与理性的统一

在环境艺术设计过程中，感性主要是指从“创造性”角度出发，深入探索环境艺术，在此过程中，人的创造活动离不开想象和思维。由于个体需要的推动，在环境艺术设计过程中，人类的潜意识与直觉特性发挥了重要作用。可见，经过无数潜意识活动，才有可能产生灵感。

对于理性而言，能够准确把握事物的规律往往成为人类思想的核心，在环境艺术设计过程中，理性往往体现在设计中对于框架、资料与元素的建立分析与理解，并对其进行整合与归纳，使环境艺术能够具备理性容量与感性容量，以逻辑方式反映本质内容。

在环境艺术设计中，往往存在着随意性，这些不同类型的意外机遇大都以理性为基础。通常包含以下方面。

（1）积累丰富的生活经验，在对空间类型及使用功能以及对各种自然环境及人文环境的体验中，增强对城市各种机能的认识和了解。

（2）积累典型和不同流派与风格的世界建筑名作的图式。

（3）积累丰富的解难经验。

由此可见，在环境艺术设计中，体现更多的是多元化思维模式的综合应用，所以，对环境艺术设计者来讲，在设计过程中对于探索性工作可能会付出更多精力，进行创造性的思维活动，满足人们的各种精神和物质需求。

（三）艺术与科学的统一

艺术的终极目的是生活的艺术，换句话说，一切艺术都要服务于人类的生活，而这也是环境艺术设计的宗旨。所有环境艺术设计，其实用性是环境艺术设计的主要目的，也是主要指标。因此，要求设计者在环境艺术规划中进行科学的设计。

环境艺术不仅具有实用性，同时，它又具有艺术欣赏性。所以，在进行环境艺术设计中，要将包括其形态、材质、构造及意境在内的多个美感紧密结合。因此，在设计中，就要合理注重“比例”的重要性。

从科学技术角度看，环境艺术经过了手工技术、机械技术和计算机技术三个发展阶段。在现代环境艺术设计中，计算机的应用使得环境设计更具有前瞻性和可塑性，在接近理想生活方式的同时充分发挥科技优势，发现新的表现形式，从而更好地进行环境设计艺术创作。

艺术要从艺术的科学化和科学的艺术化两方面着手，环境艺术要在艺术和科学设计中间体现出“形式”与“机能”的关系。在设计过程的各个阶段中，基地环境的配合，材料性能的使用，空间关系与组织路线，都必须在设计中与艺术紧密相连（图1－1－27）。

图1－1－27 圣潘克拉公墓

第二节 环境艺术设计的特征与功能

在东方哲学思想中，往往非常重视综合，因此，在环境艺术设计中，也就更要求全面的考虑问题，进行整体化的环境艺术设计。

一、特征

（一）观念的特征

环境艺术观念的发展标准，是指要在客观条件基础之上建立协调的自然环境关系，这就决定了环境艺术设计必然要与其他学科交叉互存。不仅要将城市建筑、室内外空间、园林小品等有机结合，而且要形成自然协调的关系。这与从事单纯自我造型艺术不同，在设计中要兼顾整体环境的统一协调，形成一个多层次的有机整体。

在进行整体设计时，相对于环境的功效，艺术家的创作不仅需面对节能与环保、循环调节、多功能、生态美学等一系列问题，同时还要关注美学领域，在进行艺术设计时表现在环境效益方面比较集中。通常情况下，城市环境景观设计在原有景观设计基础之上进行整体规划设计，充分考虑环境综合效益，并将环境和美观集中体现，这就要求设计者具有前瞻性的思考和创新。

目前，西方现代主义思想下的环境设计不把功能及造价的问题放在首位，由于社会经济的积累，在进行环境艺术设计时，“现代主义设计”更多的是考虑个性的表现。换句话说，在充分考虑功能及造价的前提下，在营造环境的过程中，以动态的视点全面地看待个性的作用，把技术与人文、经济、美学、社会、技术与生态融合在一起，因地制宜地处理相互关系，求得最大效益，使环境艺术设计求得最佳，从而形成持久发展。

所以，环境艺术设计中对整体设计观念的把控尤为重要，在设计中不仅放眼城市整体环境，而且还要在设计前展开周密的计划和研究，权衡利弊，科学合理地进行综合设计。

（二）文化特征

文化特征体现了城市居民在文化上的追求，环境艺术是集中表现民族、时代科技与艺术发展水平的表现形式，同时也反映了居民当下的意识形态和价值观的变化，是时代印记的真实写照。

1. 继承发展传统文化

城市总有旧的痕迹留下，因此，在对传统建筑中选址、朝向等涉及风水学意义的部分充分吸收的前提下，更要把握好鲜明的生态实用性。比如，在建筑周围植树木和竹林就可以起到防风的作用，因此，在设计中要考虑人与自然生态的协调统一的互存关系（图1－2－1）。

图1－2－1　老川水口园

此外，在环境设计中要结合当地文化背景和当地社会环境，适当融入传统主义设计风格，在进行标新的同时还要继承和体现出国家、民族和当地建筑传统主义风格，从而达到传统与现代主义风格的完美结合。

2. 挖掘体现地域文化

通常，由于乡土建筑是历史空间中经年累月产生的，所以它符合当地气候、文化和象征意义，这不仅是设计者创作灵感的源泉，同时，技术与艺术本身也是创作中充满活力的资源和途径。

此外，这类研究大都有两种趋向，如下。

（1）“保守式”趋向：运用地区建筑原有方法，在形式运用上进行扩展。

（2）“意译式”趋向：指在新的技术中引入地区建筑的形式与空间组织。

乡土建筑与环境置身于地域文化之中，受生产生活、社会民俗、审美观念、地域、历史、传统的制约，因此，在研究中应该给予对深厚文化内涵的挖掘和创新。

（三）借鉴西方文化

通常说，西方主义文化发展，是遵循从器物、制度再到文化的发展模式，在不断的发展中，不断深化认识，侧重“器物”，但对整体缺乏关联意识。因此，在向西方学习时，我们要借鉴西方新观念、新技术，感受西方的先进环境文化，解读其人文精神。

（四）体现当代大众文化

目前，环境日益均质化，公众主体意识逐渐觉醒，人们不再期望将自己的个体情感纳入整齐划一的环境中，无个性化甚至非人性化开始萌芽，人们大多开始寻求一种多元价值观，强调创造性。

随着自我意识的觉醒，人们更加注重价值和意义，任何环境设计都是为人服务的。比方说，在某个环境场所下，除了为正常人提供服务外，也应对儿童或残障人群予以关注，如美国在《1990年残疾人法案》的颁布强调了无障碍设计思想理念，将为残疾人提供公共场所和商业场所通行保障，这种设计理念是当代大众文化的重要体现。

此外，对于一个城市、一个地区、甚至一个民族、一个国家文化来说，群体建筑的外环境往往成为一种象征。因此，环境艺术设计对文化地域性、时代性的反映是非常重要的，它包含了很多反映文化的人类印迹，如上海外滩、天安门广场、威尼斯圣马可广场、纽约曼哈顿等，这些都是代表民族或国家形象的建筑。

三、地域性特征

在现代环境艺术设计中，地域性特征是整个环境设计中重要的组成部分，表现有三。

（一）地理地貌

地理地貌是环境中的固定特征之一。每个地区的地理和地貌情况都不尽相同。这些包括水道、丘陵、山脉等在内的宏观地貌特征会随时表现在环境塑造设计中。因此，在环境设计中，地貌差异对敏感的设计师来说，有很大的诱惑，着这样的设计中，他的设计构思可以很好地表现出来，在设计中运用生活素材，弥补不利的设计条件。

水在城市设计中是里很好的风景，不仅能够起到滋养城市生命的作用，而且还能够保障天然岸线形式，是一种独特的构想，能够增加自然情趣，强化人工绿化作用，使得景观风景靓丽新颖。不同地域水的形态折射和构成了城市的人文风情和城市地标。而且，水在强化城市景观作用的同时，其重要性及其历史地位不言而喻，如果能够拥有具有代表性的河道，那么其重要性完全可以胜过一般的市级街道。但我们应该注意的是，目前，许多地方河水的静默与永恒会成为它被忽视的原因，因此，在环境艺术设计中，就更要科学合理地进行设计和运用。

此外，对水的珍视不能限于水面清洁和不受污染，还要重视水面的重要作用，使其成为优化生活的景观。在环境设计中，应首当呵护水面，整理岸线，保护天然地貌特征，不破坏历史遗留或痕迹。

（二）材料地方化

对于古老的建筑历史来说，在设计中往往采取就地取材的方式，早期天然材料就有石料、木材、黄土、竹子、稻草以及冰块等，其丰富程度可想而知。因此，从现代建筑思想出发，铜材、玻璃、混凝土这些材料在环境设计中往往没有地方差异，甚至完全摆脱了地域性自然特征的痕迹。

由此可见，“现代主义”建筑是同质化形式最集中的建筑表现形式，而当环境艺术设计在人文和个性思想设计中间寻找出路的时候，它带来的抑或是一种新的建筑主义思想风格。

因此，在现代环境设计中，人对材质特征的认识，往往表现的更加明确主动，有更强的表现力。比如，在对环境艺术设计中地面的铺装过程中，在充分吸收传统地面铺装模式和材料的基础之上，开发新的设计和加工工艺以及新材料的应用将更加实用化，在使用地方材料基础之上，最大程度考虑当地特征，如苏州园林的卵石地面铺装，不同形式的拼装呈现出不同的环境艺术魅力。

此外，现代的地方化观念还给人们一个启发，就是人们对材料的认识应该有所扩展，应该多元化。配合以精致严谨的加工，借助材质变化去实现设计的有效性，运用同种材料营造不同的加工效果，这些都是很好的方法，具有独特的效果。

（三）环境空间地方化

环境的空间构成比较复杂，尤其是对具有一定历史渊源的城市建筑而言，这些建筑的分布具有一定的稳定性，其所呈现出来的形式表现如下。

（1）当地城市人群的生活和文化习惯。

（2）当地城市地貌情况。即便地貌情况一致，依旧存在差异。

(3) 历史的沿革，包括年代的变革与文化渗透等。

(4) 人均土地占有量。

此外，对于城市风貌的载体来说，有一些并非完全由建筑样式所决定。如北京胡同、上海里弄、苏州水巷等，在实际的生活之中，人们的实际活动大都发生在建筑之间的空白处，即街道、广场、庭院、植被地、水面等。因此，我们可以把不同地方的城市空间构成做一个相互间的比较，从而看出异地空间构成的区别。

由此可见，在不同的地方，人们使用建筑外的环境，是需要考虑生活行为的需要，不论是空间的排布方式、大小尺度，还是兼容共享和独有专用的喜好，在环境设计中，都应该提出地方化的答案。应该注意的是，虽然这些答案不一定是容纳生活的最佳设计方式，但只要是经过生活习惯的认同，能够在人们的心理上形成一种独有的亲和力，那么就可以看作是成功的设计。

城市环境包涵形式和内容两部分，建筑的外部空间是城市的内容，它不是任意偶发、杂乱无序的，而是深刻地反映着人类社会生活的复杂秩序。因此，作为一个环境设计师，在设计的过程中，必须使自己具备准确感知空间特征的能力，训练分析力，判定空间特征与人的行为之间存在的对应关系。

四、环境与人相适应的特征

环境是人类生存发展的基本空间，人们往往通过亲身实践来感知空间，人体本身就成为感知并衡量空间的天然标准。也因此，人与环境之间进行信息、能量、物质进行感知、交换和传达的平衡过程中成为室内外环境各要素中最基本的因素。

环境是作用于主体并对其产生影响的一种外在客观物质，在提供物质与精神需求的同时，也在不断地改造和创建自己的生存环境。可见，环境与人是相互作用、相互适应的，并随着自然与社会的发展处于变化之中。

（一）人对环境

现代环境观念体现在人对环境的“选择”和“包容”中。因此，在从事研究和设计时，要对那些即将消亡但并无碍于生活发展的建筑和设计进行有效的保护，有意识地进行挖掘和研究。每个城市由于其发展的独特性不同，其多样性和个性在一定程度上更加彰显各自生命力。

因此，在城市建设中，要避免出现导致环境僵化和泯灭的设计，为了保全城市特色，甚至可以在城市风格上进行创新思维。所以，在进行环境艺术设计过程中，要在保全原有特色基础之上，并在不破坏环境的前提下，充分发挥创造力，使其达到高度融合。

（二）环境对人

1943 年，马斯洛在《人类动机理论》一书中提出“需要等级”理论，分别为生理需求、安全需求、社会需求、自尊需求和自我实现需求五种主要需求。由于时期和环境的不同造成人们对需求的强烈程度会有所不同，在环境艺术设计中，五种需求往往与室内外空间环境密切相关，对应关系如下。

（1）空间环境的微气候条件——生理需求。

（2）设施安全、可识别性等——安全需求。

（3）空间环境的公共性——社会需求。

（4）空间的层次性——自尊需求。

（5）环境的文化品位、艺术特色和公众参与等——自我实现需求。

通过以上比对，可以发现，在环境空间设计中，优先满足低层次需求是保证高层次需求运行的基础。

五、生态特征

当今社会，由于工业化进程的逐渐加快，人们的生活发生了翻天覆地的变化。同时，工业化城市进程的加快也造成了自然资源和环境的衰竭。气候变暖、能源枯竭、垃圾遍地等负面环境因素的影响，成为城市发展中不可回避的话题。因此，在对城市进行环境艺术设计过程中，就必须将经济效益与环境污染综合考量，避免以牺牲环境为代价来发展经济，是每个环境艺术设计工作者共同面对的话题。

人类发展与自然环境相互依存，城市是人类在群居发展过程中文明的产物，人们更多地将自身规范在自然环境以外，而随着人类对于自然认识的逐渐加深以及对于回归自然的渴求，更大限度地接近自然成为近年来环境艺术设计的热门话题。

自然景观设计之于人，其主要功能表现在以下几方面。

（1）生态功能：主要针对绿色植物和水体而言，能够起到净化空气、调节气温湿度，降低环境噪声等功能。

（2）心理功能：日益受到重视，自然生态景观设计能够平和心态，缓解压力，放松心情，平静中享受安详，驱烦去躁。

(3) 美学功能：使人获得美的享受与体会，往往能够成为人们的审美对象。

(4) 建造功能：提高环境的视觉质量，起到空间的限定和相互联系的作用。

我们可以办公室设计为例，在办公空间的设计中，“景观办公室”成为流行的设计风格，它改变以往现代空间主义设计，最大程度回归自然，在紧张烦琐的工作之余尽享人性和人文主义关怀，从而达到最佳的工作效率和创造良好和谐的工作氛围。

此外，以多种表现手法进行室内共享空间景观设计，主要表现如下。

(1) 共享空间是一种生态的空间，把光线、绿化等自然要素最大限度地引入到室内设计中来，为人们提供室内自然环境，使人们最大限度接触自然。

(2) 具有生态特征的环境设计应是一个渐进的过程，每一次设计都应该为下一次发展留有余地，遵守“后继者原则”。承认和尊重城市环境空间的生长、发展、完善过程，并以此来进行规划设计。

因此，在设计过程中，每一个设计师既要展望未来，又要尊重历史，以保证每一个单体与总体在时间和空间上的连续性，并在此基础上建立和谐对话关系。从整体考虑，做阶段性分析，在环境的变化中寻求机会，强调环境设计是一个连续动态的渐进过程。

(3) 我们在建造中所使用的部分材料和设备（如涂料、油漆和空调等），都在不同程度上散发着污染环境的有害物质。这就使得现代技术条件下的无公害、健康型的绿色建筑材料的开发成为当务之急。因此，只有当绿色建材的广泛开发且逐步取代传统建材而成为市场上的主流时，才能改善环境质量，提高生活品质，给人们提供一个清洁、优雅的环境艺术空间，保证人们健康、安全地生活，使经济效益、社会效益、环境效益达到高度的统一。

六、功能

从整体上来看，环境艺术设计的功能主要表现在三个方面，分别是物质功能、精神功能以及审美功能。

（一）物质功能

环境作为满足人们日常室内外活动所必需的空间，实用性是其基本功能，儿童在幼儿园的学习、活动，学生在教室里上课，成年人在办公室工作，老年人在家中种花，人们在商场内购物，都体现物质功能（图1－2－2）。

图1－2－2　悉尼综合交通站

1. 满足生理需求

空间设计要能够达到可坐、可立、可靠、可观、可行的效果，要能够合理组织，满足人们日常生活中对它的需求，其距离、大小要能够满足人的需要，尤其是自然采光、人工照明、声音质量、噪声防潮、通风等生理需求，使环境更好地实现这些功能（图1－2－3）。

图1－2－3　哈雷动物园游戏场

环境及其设施的尺度与人体比例具有密切关系，因此，在设计中，设计者应了解并熟悉人体工程学，对于不同年龄、性别人的身体状况有足够了解。此外，除了一般以成年人的平均状况为设计依据以外，还要注意在特定场所的设计中要充分考虑到其他人群的生理、心理状况。

2. 满足心理需求

环境艺术设计为人们提供的领域空间有如下几个分类。

（1）原级领域：如卧室、专用办公室。

（2）次级领域：如学校、走廊。

（3）公共领域：如大型超市、公园等。

由此可见，在环境艺术设计中，设计者应重视个人空间的可防卫性，给使用者身体与心理上的安全感。美国纽约大学奥斯卡·纽曼（Oscar Newman）教授，曾根据人的领域行为规律提出“可防卫空间”的概念，原则如下。

（1）明确界定居民的领域，增强控制。

（2）增加居民对环境的监视机会，减少犯罪死角。

（3）社区应与其他安全区域布置在一起，以确保安全。

（4）应该促进居民之间的互助、交往，避免使其成为孤立的、易受攻击的对象。

“可防卫空间”的关键在于对居住环境的划分，不同层次的领域之间应该有明确的界限。人在环境中生活，有着私密性与交往的需求。因此，在设计中，简单地提供隔绝空间，并不能解决问题。因此，在环境艺术设计中，隔断空间联系，限制人的行为，控制噪声干扰，就成为获得私密性的主要方法（图1－2－4）。

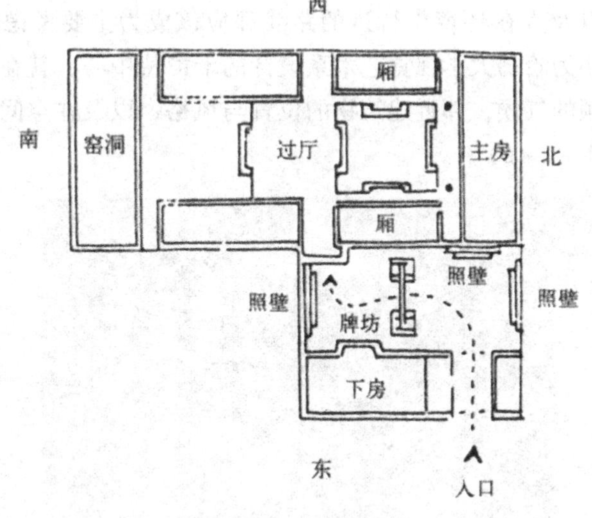

图1－2－4　分隔空间

由此可见，在环境设计中，空间不仅应满足视、听隔绝的要求，而且也应提供使用者可控制的渠道，例如，对居住区而言，住宅单元到小区，再到居住区的层层扩展，就能构成渐变的亲密梯度（图 1－2－5）。

图 1－2－5　柏林西门子住宅区

3. 满足行为需求

在设计的各个阶段中，人的行为与基地环境相配合，在设计中，空间关系与组织以及人在环境中行进的路线都应该成为主要考虑的因素。如勒·柯布西耶为哈佛大学视觉艺术系设计的卡彭特中心，就在基地环境上考虑了波士顿的气候，邻近建筑物的位置与风格，以及在空间关系上的相互关系（图 1－2－6）。

图 1－2－6　卡彭特中心

由于不同人群在不同环境中有着不同的行为，具体环境也存在类型的差异空间形态，因此，在设计中空间特征以及设计要求都会针对不同的功能，有不同侧重。如住宅一般包括客厅、起居室、书房、卧室、厨房、餐厅、卫生间等，满足居室主人会客、休憩、阅读、饮食、娱乐等日常行为需求（图1－2－7）。

图1－2－7 上海四季园小区

文教环境主要是指各种校园以及城市图书馆等构成的环境空间。如学校在环境中大都划分为静区与闹区。因此，在环境艺术设计中，应反映学校精神面貌以及积极进取的气息，注重树木、公共绿地，喷泉、雕塑、壁画、设施等的应用，深入分析需求细节，从而更好地设计，满足师生学习、阅读、饮食、运动等行为需求（图1－2－8）。

图1－2－8 新竹交大剧场

商业环境的优劣直接关系人们的购买行为。商业环境包括商店内部购物环境和购物的外部环境。因此，在设计中要体现舒适性、怡人性和观赏性，满足人们行、坐、看的行为需求，增强购物欲望，丰富艺术趣味和文化气息（图 1－2－9）。

图 1－2－9　天津新视界百货

街道环境包括街道设施及其两侧的自然景观、人工景观和人文景观。在设计中要满足汽车、人力车及步行的行为要求，调节视觉疲劳功效，引起人们的审美活动。在一定的空间范围内，在设计中要让人们免受车辆的干扰，保证人的安全，满足人的行为需求（图 1－2－10）。

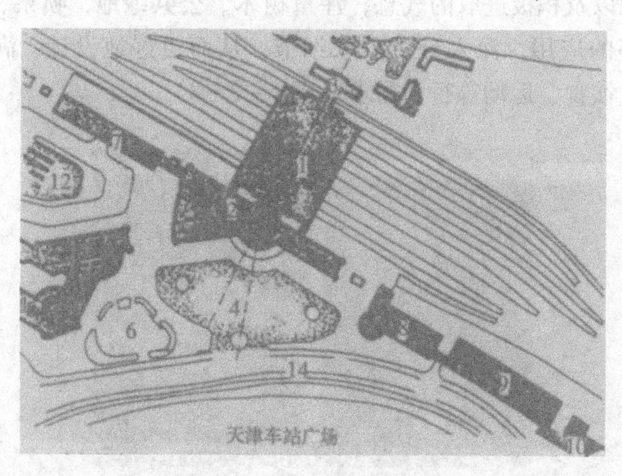

图 1－2－10　天津火车站

（二）精神功能

物质环境借助空间反映精神内涵，给人们情感与精神上的启迪。尤其是具有标志性与纪念性的空间，如寺观园林、教堂与广场等。景观形态组织完全服务于思想空间气氛，引起精神上的共鸣（图1-2-11）。

1. 形式象征

在环境艺术设计中，表达含义最基本的是从形式上着手，尤其是在中国古典园林中，更是如此。在园林设计中，尽管不是真的山水，但由它的形象和题名的象征意义可以自然地联想，引起人情感上的共鸣。

此外，在用形式表达含义与象征时，可以使用抽象手法。有时一个场地最明显的独特之处是与之相联系的东西，如费城的富兰克林纪念馆就是这样（图1-2-12）。

图1-2-11 鱼灯

图1-2-12 富兰克林纪念馆

再如五重设计的悉尼歌剧院，抽象的弧形线条不单使人们联想到帆船，还具有多种可能性，使人有更大的遐想空间。

2. 理念象征

环境艺术设计中由于人的介入而被改造创建，因此必然具有理念上的含义。比如住宅常常表达着“港湾”的理念。因此，设计者要表达理念的深层含义，这往往需要使用者或观者具有一定的背景知识，通过视觉感知、推理、联想才能体验得到。

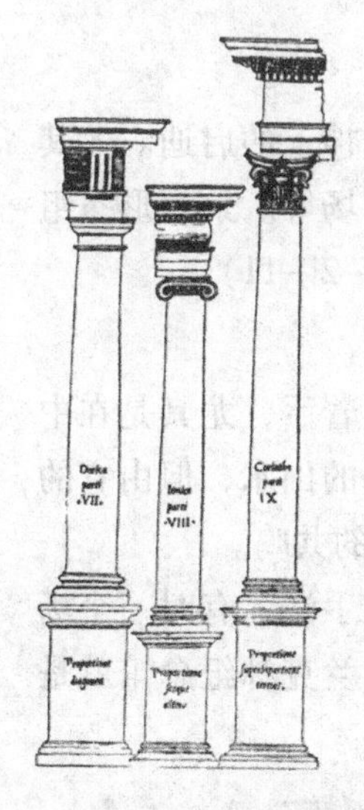

图1－2－13 多立克柱式

不论是古代与现代，中西都有很多的这种表达理念上含义与象征的例子。如古罗马时期的理论家维特鲁威提到希腊人热衷于探讨人体的完美比例，就是借由人体美而进入建筑与雕塑、绘画之中的范例，希腊人创造多立克柱式，以此来表达男性特征的美（图1－2－13）。

再如，柏林爱乐音乐厅也是长期构思的结果。它从德国民族特色的理念出发，代表德国人热血的美梦，表现时代的可能性，展现作为“音乐的容器”在人心灵上产生的效果（图1－2－14）。

图1－2－14 柏林爱乐音乐厅

3. 哲学宗教象征

在环境艺术设计中，精神功能常常表现在哲学与宗教意义上。在设计中，设计者贯穿哲学含义，引发深层思考。如中国古典园林的水景设计，就体现了庄学、玄学中的思想，中唐以后明心适性的园林，则体现知者动，仁者静，知者乐，仁者寿的哲学思想。

西方教育家、思想家和神秘主义者鲁道夫·斯坦纳受表现主义的影响，创立人类学哲学学院，从中似乎可以读出他的哲学理论含义（图1－2－15）。

图 1－2－15　人类学哲学学院

再如，古希腊、古罗马的帕提农神庙、万神庙、中世纪的拜占庭式圣索菲亚大教堂、斯特拉斯堡大教堂，以及文艺复兴时期的圣彼得大教堂（图 1－2－16）、卡比多广场（图 1－2－17）、波波洛广场（图 1－2－18）等，都是体现宗教哲学象征的范例。

图 1－2－16　圣彼得大教堂

图 1－2－17　卡比多广场

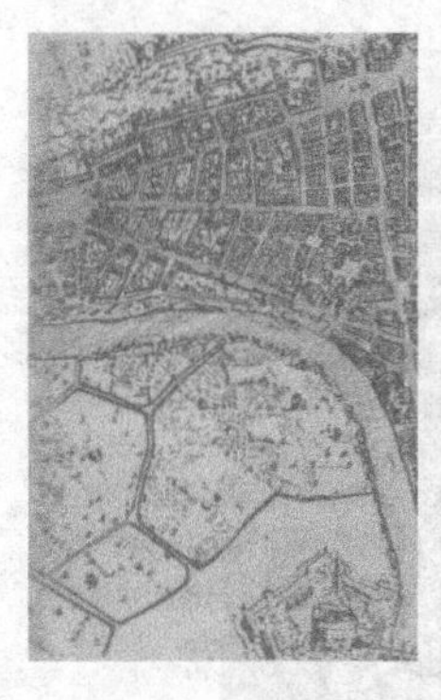

图1－2－18　波波洛广场

4. 历史文脉象征

历史文脉象征体现在许多现代的作品中，如美国华盛顿国务院大厦内部大厅（图1－2－19），日本筑波科学中心广场等，都巧妙应用了米开朗琪罗卡比多山的椭圆形广场图案，使人联想到历史精神的含义，体现一种历史与文化的追怀。

图1－2－19　华盛顿国务院大厦

（三）审美功能

审美活动是一种生命体验，因此，作为生命体验的审美活动是主体对生命意义的把握方式。在艺术设计中，对美的感知是一个综合的过程，环境艺术设计的物质功能需要满足人们的基本需求，精神功能满足人们较高层次的需求，而审美功能则满足对环境的最高层次的需求。可以说，环境艺术具有审美上的功能，更像是一件艺术品（图1－2－20），在实际中给人们带来美的享受。

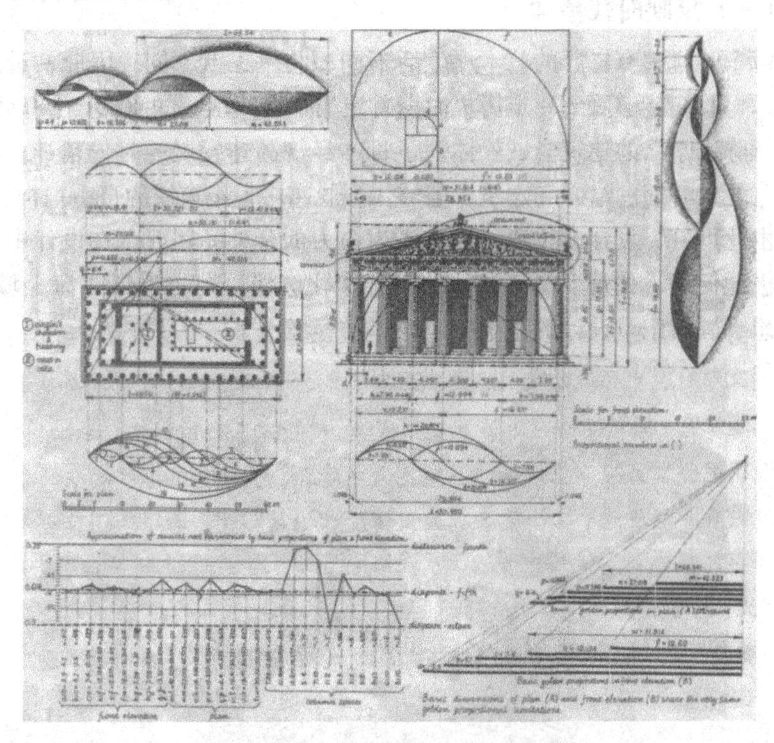

图1－2－20　帕特农神庙立面比例分析

由此可见，环境艺术的形式美是对形式的关注，在设计中环境艺术造型可以产生形式美，尺度、均衡、对称、节奏、韵律、统一、变化等会建立一套和谐有机的秩序，从而有助于带给人们行为美、生活美、环境美。

第三节　环境艺术设计的意义与相关理念

环境与艺术相辅相成，伟大的艺术和环境同出，往往能够不仅体现设计者个人的独创性，更能够体现时代精神。

一、意义

环境艺术的意义不仅仅是词汇意义上的，更多是一种本体论的意义观，也就是体现情感的概念。

（一）反映时代精神

每个时代都有自己的艺术，生活不同，艺术也就不同。因此，透过环境艺术，我们能够看到一定历史时期特定的社会生活。如20世纪60年代，日本新陈代谢派的建筑尝试就体现了日本经济高速发展的时代精神。再比如文艺复兴时期的绘画和建筑，能够体现脱离中世纪束缚的自由精神。

由此可见，设计或技巧无非是人生命力的延伸，因此，在设计中我们要积极地促进，如丹下健三设计的山梨文化会馆，菊竹清训“海上城市”的设想，黑川纪章设计的东京中银舱体楼等（图1-3-1）。

图1-3-1　东京中银舱体楼

（二）反映风土人文

环境艺术在设计中考虑地域特征与文化背景，顺应气候、地形和居民方式，如我国南方适应多雨而潮湿天气，为了避免地上的水汽，就会将房屋自地面抬高；北欧多雪的地区，为了减缓屋顶积雪过厚造成的压力，就会采用坡度较陡的屋顶形式。再如，在我国很多地区，传统聚落住宅依山抱水，则体现出“万物负阴以抱阳，充气以为和”的哲学观点（图1－3－2）。

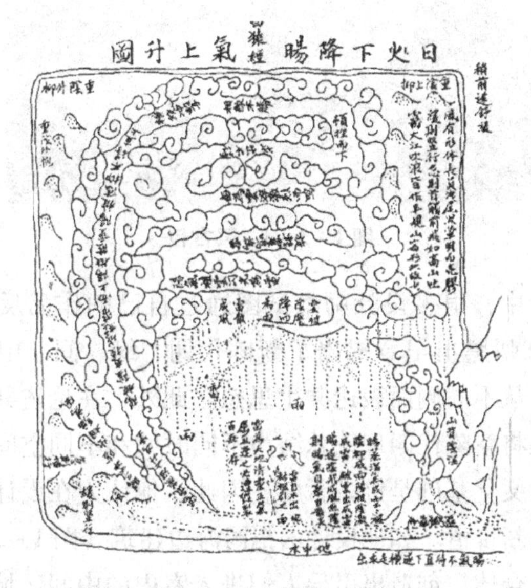

图1－3－2 日火下降，阳气上升

又如，现代建筑师赖特设计的西塔里埃森工作室（图1－3－3），在设计中，使得材料、色彩与沙漠的印象相结合，水平铺开房屋，并挑出很深的屋檐形式，这些都体现了对特殊气候与地域特征的反映。

图1－3－3 西塔里埃森工作室

特定的环境创造反映一定的文化背景和习俗，如我国西北部的蒙古高原上，蒙古包就反映了游牧民族逐水草而居的不断迁徙的生活方式，是蒙古居民长时间面对自然环境，极具智慧的建筑（图1－3－4）。

图1－3－4　蒙古包

在当代设计中，很多设计师都试图通过自己的作品反映一种文化观念。如日本建筑师黑川纪章提出了新陈代谢、缘、间、中间体、中间领域、道等语言，从不同侧面表达共生思想。此外，在论述共生思想与新陈代谢关系时，还将新陈代谢理论总结为不同时间和不同空间共生的两个原理。他认为日本文化基础是佛教哲学，因此，他认为在设计中要保留自身文化，努力创造新价值。如他设计的福冈海边建筑（图1－3－5），就将室外空间设计成复合体，创造出引导人们进入室内的中间区域，从而体验日本建筑传统特征的室内与室外共生。

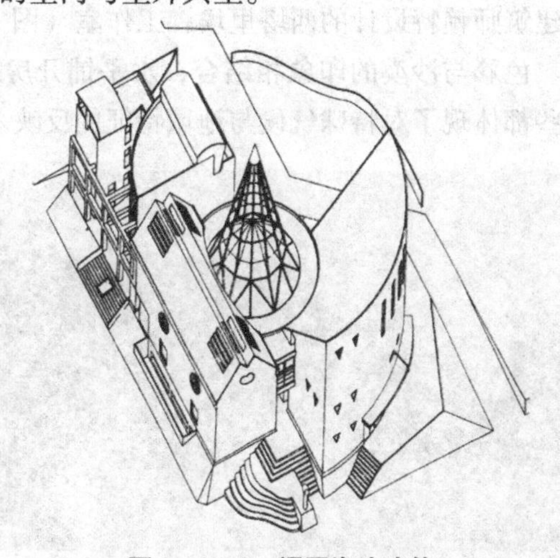

图1－3－5　福冈海边建筑

再如井上武吉设计的雕塑，就是在设计中尝试建筑与雕塑共生的范例（图1－3－6）。

图1－3－6　建筑雕塑“水柱”

（三）反映人与社会的互动关系

环境艺术反映一定的社会现象，强调公共性。例如我国周代，城市和宫殿的布局形式就有了封建伦理的体现。再如公元4世纪到15世纪活跃在中美洲的玛雅文明，则体现出严密的社会组织和宗教祭祀礼仪，从而达到长久维系其社会组织的作用（图1－3－7）。

图1－3－7　墨西哥圣地城市

二、相关理念

与环境艺术设计有关的相关理念，分布在不同的领域，大致可做分析如下。

（一）视觉艺术

就人的感官而言，视觉与艺术关系紧密，视觉艺术的概念在于对感性材料的机械复制，对现实的创造性把握。

1. 感官与艺术

人的感觉器官包括视、听、触、味、嗅等感觉能力，它们符合特定审美意识的空间构成，是人对空间形态外观的感觉，反映大脑产生形象，进而表达形、色、质及其变化。

由于设计对象的多种空间形态，不同空间形态所体现的审美取向有相对差异，因此，对于室内设计来说，往往就会成为人体感官全方位综合接受美感的设计项目。

此外，人的所有活动都要借助于工具，就其本身机制而言，语言是约定俗成音义结合的符号系统，是人类形成思想和表达思想的重要手段。因此，语言环境往往反映说话的现实情境，此外，广义的语境还包括文化背景。于是，人类文化发展的过程中，就形成各种不同的语言表达形式。

对于艺术设计来说，从物像的概念来讲，不同类型空间的形态表述，从设计角度出发，必须选取适合于自身的语言表达方式。

2. 视觉时空观念

空间形象的表达来自设计者头脑中的概念与构思，视觉形象创造的意义在于寻求对象的艺术特征。对于四维空间设计来说，就要体现视觉艺术的时空观念，把握美的形象的整体氛围。

此外，空间形体是由点、线、面运动组成，在设计中，典型的空间线型表现为直线与曲线两种形态，因此，产品造型设计总是在这两种线型之间寻求变化。故此，室内设计的概念与构思首先就要从空间形态上寻求一定的启示。

视觉艺术的时空观念是建立在四维的空间概念之上，因此，在环境艺术设计中，第四度空间要与时间序列要素并重。

3. 视觉环境艺术设计

环境艺术设计协调各类艺术与设计在特定空间中的相互关系，将视觉整体感受放在首位，在一个相对稳定的时间段对空间形象进行整体把握。从环境艺术设计的视觉概念出发，一种适度的视觉状态，能够产生美感。

在设计中，需要注意由视觉疲劳引起的视觉污染的问题，要避免和消除视觉污染，进行新的视觉环境创造，按照视觉的生理特征进行环境光色设计。在设计中，要避免高纯度高亮度的极端色彩对比。

（二）文化遗产

对于文化遗产的相关理念，按照《保护世界文化和自然遗产合约》，往往将世界遗产分为文化遗产、自然遗产、自然遗产与文化遗产混合体和文化景观等内容。

1. 物质与非物质文化遗产

物质的文化遗产内容包含文化遗产、自然遗产、文化景观三个层面。非物质的文化遗产是关于民间传统文化保护建议的“人类口头及非物质遗产优秀作品”。通常包括的内容丰富，包括文物、建筑群、遗址等不同类型的遗产。

它们通常代表一种独特的艺术成就，或能在一定时期内或世界某一文化区域内对发展产生影响，并可作为一种建筑群或景观的杰出范例。

2. 文化遗产的环境意义

文化遗产包括自然环境与人工环境，是“自然与人类的共同作品”。文化遗产的意义主要体现于人工环境，以美学突出个性，体现科学的普遍价值。

通常，文化景观标准与环境艺术设计的关系体现在对外在客观世界生存环境进行优化设计，并在环境艺术设计中协调设计关系，在设计中体现综合性和融通性。

（三）相关设计专业

在环境艺术设计的相关理念中，包含了很多其他专业的内容与方法，总结如下。

1. 城市规划专业

城市规划属于建筑学，学科形成于工业革命之后，现代的城市规划学科，主要包括城市规划理论、城市规划实践、城市建设立法三个部分。在学科发展中，主要探讨研究课题，解决实际问题。因此，了解城市规划专业的一般知识非常重要。

2. 风景园林专业

风景园林景观设计专业建立在园林学之上，是在一定的地理境域中以工程技术和艺术手段，通过可视形象创造作品。例如，园林建筑就是在提供人们社会生活的种种使用功能外，又通过视觉给人以美的感受。

3. 造型艺术专业

从艺术学科的角度出发，可以把环境艺术设计中的建筑归于造型艺术的范畴。它们能够完成对高尚需求的完美满足，在与环境艺术设计相关的所有专业中，建筑设计无疑处于核心的位置。因此，如何协调与造型艺术专业的关系也成为环境艺术设计的关键。

第二章 环境艺术设计的发展历程

环境艺术设计的发展不仅代表着人类思想与意识的发展，也是人类栖居形态的演变过程。我们从漫长的设计历史的学习中，反思并正确地评价我们现在所处的历史位置，总结我们拥有的力量，确立我们的立场。用历史整体性的眼光来看，环境艺术设计史展现的是人与环境之间在各种外力、内力作用下关系的演变。这个演变也正是人作为最高级的生物形态去主动影响改造环境的过程。

第一节 古时期的环境艺术设计

一、上古时期的环境艺术

（一）史前到早期文明

人类的进化，是从制造和使用工具开始的。当原始人类开始有目的、有意识地敲击经过选择的燧石，制作粗陋的石斧时，就说明人类已经掌握了制造工具的基本技能。人类对环境的改造行为，也正始于这种工具的制造过程。

远古时代人类生存的自然环境相当恶劣，各种严酷的气候、毒虫猛兽和人类自身的疾病瘟疫等都对人类的生存构成极大的威胁。在这样的条件下，人类自身的安全需求是首要的，因此原始人就要为自己创造一种安全的生存环境，这种对生存环境的营造正是体现对安全的需求。一旦最基本的生存需求得到了满足，其他方面的各种需求便会不断产生。随着生存危机的缓解，人类自然渴望更舒适的生活环境，那么就需要更高的营造技能与更复杂的构造方式。这样才能达到自身情感甚至宗教等方面的要求，就会变成对环境的新追求。

简单地说，人工环境起源于远古时期人类最初所造出的房屋。当人们从岩洞或者树洞里走出来，或者从树上下来，摆脱了天然的穴居和野处，以最简单的方式造出了房屋以后，最基本的人工环境就开始诞生了。

马耳他岛上的庙宇建于公元前3600年至前2500年间，它们是至今获悉最早用石块建造的独立式的建筑物。雄伟壮观的马耳他神庙有的单独存在，有的构成神庙群，它们是史前欧洲极具神秘色彩的建筑之一。著名的吉冈提亚神庙位于马耳他戈佐岛中部，是公元前24世纪以前新石器时代晚期的遗迹。

新石器时代最重要的进展是建筑的出现。这是人类文明史上划时代的大事，建筑随永久性居留村落的出现而逐步发展起来。史前人类简陋的住宅自然还谈不上什么建筑艺术，但是新石器时代的欧洲先民却也留下了巨石圈那样的纪念性的巨石建天舟巩。

在英国伦敦西南100多公里的索尔兹伯里平原上，一些巍峨巨石呈环形屹立在绿色的旷野间，这就是英伦三岛最著名、最神秘的史前遗迹——斯通亨治（Stoneilenge）巨石圈。斯通亨治巨石圈最外一个石圈是以30块等距离摆放的巨石围合而成的。石圈直径30米，竖立的巨石高约4米，肃穆宏伟，气势撼人，仿佛某种超自然的造物矗立在英格兰的荒原上。巨石圈在石材建筑物中，是最早、最壮观的环境景观之一（图2－1－1）。

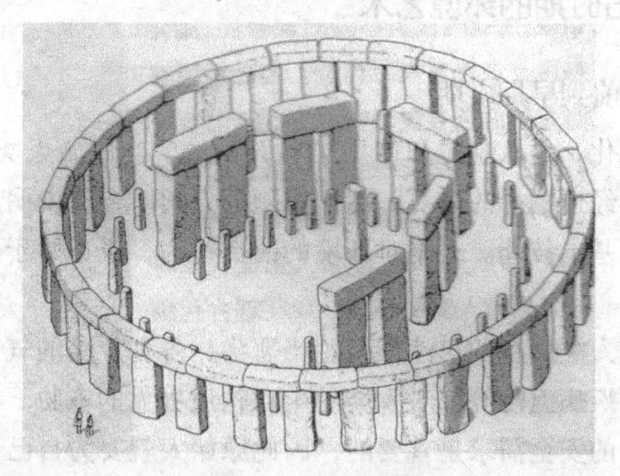

图2－1－1　巨石圈

（二）古埃及与古西亚

1. 古代埃及

古代的尼罗河流域（The Nile Valley）是人类文明的重要发源地，古埃及的古王国时期主要是皇陵建筑，即举世闻名的规模雄伟巨大、形式简单朴素的金字塔。金字塔是古王国法老的陵墓。第一座石制金字塔是萨卡拉的昭塞尔（Zoser）金字塔。

埃及最著名的金字塔是开罗西南吉萨（Ciza）的三座第四王朝法老的金字塔，分别是胡夫（Cheops）、哈夫拉（Chephren）、门考拉（Menkaura）三位法老的陵墓。三座金字塔在蓝天白云和一望无际的大漠之间展开，气势恢宏。它们是正方位的，但互以对角线相接，造成建筑群参差的轮廓。三座金字塔都用土黄色石灰石建造，四面贴附着一层磨光的白色石灰岩，光滑如镜，反射着太阳的光芒。在哈夫拉金字塔祭庙门厅的旁边，雄踞一尊巨大的面向东方的狮身人面像，即“斯芬克司”。狮身人面像代表着狮子的力量和人类的智慧，象征着古代法老的智慧和权力。

当古代世界七大奇迹中的其他6个都已经倾颓消泯，而古埃及的金字塔却仍然在尼罗河畔屹立，为远古时代的辉煌留下了伟大的见证。金字塔是古代埃及人智慧的结晶，数千年来它历经着炙热的阳光、暴烈的狂风和肆虐的雨砾，仍然稳固地伫立在尼罗河畔，接受着时间的洗礼，成为人类建筑艺术史不朽的丰碑。

新王国是古埃及的全盛时期，为适应宗教统治，宗教以阿蒙神（Amon）为主神，即太阳神，法老视为神的化身，因此神庙取代陵墓，成为这一时期突出的建筑。神庙一般是在一条纵轴线上，以高大的塔门、围柱式庭院、柱厅大殿、祭殿以及一连串的密室组成的一个连续而与外界隔绝的封闭性空间，建筑没有统一的外观，除了正立面是举行宗教仪式的塔门，整个神庙的外形只是单调、沉重的石板墙，因此神庙建筑真正的艺术重点是在室内。

2. 古代西亚

古代西亚也曾是人类文明的最早摇篮。西亚地区指伊朗高原以西，经两河流域而到达地中海东岸这一狭长地带，幼发拉底河（Euphrates）和底格里斯河（Tigris）之间称为美索不达米亚平原（Mesopotamia），最先在美索不达米亚这块土地上创造文明的并不是古巴比伦人，而是更早的苏美尔（Sumerians）民族，早在公元前五世纪～公元前四世纪就定居在两河下游。

美索不达米亚流域缺乏石料和木材，因而当地人主要使用太阳晒干的泥砖来建造房屋。在岁月消磨、洪水冲刷以及战争破坏下，其大多建筑都已不存在或化为土丘。保存至今最古老和最完整的苏美尔建筑是乌尔纳姆统治时期建造的乌尔纳姆（Urnanlnm）神庙，约建于公元前2000年前后，同其他苏美尔神庙一样是由泥砖层层叠起如同金字塔状的平台之上，因而有“塔庙”(Ziggurat）之称，被喻为神圣的山巅（图2－1－2)。

图2－1－2　乌尔纳姆神庙

两河上游的亚述（Assyia）人于公元前1230年统一了两河流域，又开始大造宫殿和庙宇，最著名的就是萨尔贡王宫（Palace of Sargon)。宫殿中的装饰非常令人惊叹，有四座方形塔楼夹着三个拱门，在拱门的洞口和塔楼转角的石板上雕刻着象征智慧和力量的人首翼牛像，正面为圆雕，可看到两条前腿和人头的正面；侧面为浮雕，可看到四条腿和人头侧面，一共五条腿。因此各个角度看上去都比较完整，并没有荒谬的感觉。宫殿室内装饰得富丽堂皇、豪华舒适，其中含铬黄色的釉面砖和壁画成为装饰的主要特征。

公元前612年，亚述帝国灭亡，取而代之建立起来的是新巴比伦(Neo-Babylon）王国，这一时期都城建设发展得惊人。巴比伦城再次焕发活力，成为当时世界上最繁荣的城市。最为杰出的是被称为世界七大奇迹之一的“空中花园”（Hanging Garden)。它可能就位于伊什塔门内西侧的宫殿区中。它是由尼布甲尼撒为其来自伊朗山区的王后所修筑的。据推测，这是一座边长超过130米、高23米的大型台地园。空中花园并非悬在空中，而是建在数层平台上的层层叠叠的花园，每一台层的外部边缘都有石砌的、带有拱券的外廊，其内有房间、浴室等，台层上覆土，种植树木花草，台层之间有阶梯联系（图2－1－3)。

图2－1－3　空中花园

（三）古印度与古中国

1. 古代印度

早在公元前三千多年，印度河和恒河流域就有了相当发达的文化，建立了人类历史上最早的城市。据印度远古文化遗址的发掘报告，公元前2300～公元前1800年间的印度河流域上古文明时期，已经出现了火砖建筑，陶器、青铜器等实用工艺品也相继问世。自20世纪20年代起，经过长期考古发掘，最重要的古城遗址摩亨佐·达罗城（Mohenjo-daro）被发现。摩亨佐·达罗古城遗址所展现出来的有条不紊的城市规划布局能力以及建筑材料的模数化表明，古代印度文明已经发展到了一个很高的阶段。

孔雀王朝（The Maurya dynasty）在公元前三世纪中叶统一了印度，建筑在继承本土文化的基础上又融合了外来的一些影响，逐步形成佛教建筑设计的高峰。这一时期最著名的建筑就是桑契（Sanchi）大窣堵坡（Great Stupa）。窣堵坡是印度佛教中专门用于埋葬佛骨的纪念性建筑，自孔雀王朝以来，它成为佛教礼拜的中心，阿育王曾在印度建立84000座窣堵坡以纪念佛陀。桑契窣堵坡就是在早期安度罗时代建立的最杰出的窣堵坡之一，它是早期印度佛教艺术发展的顶点。

窣堵坡的设计是象征性的，象征佛力无边又无迹无形，是佛陀形象的具体化体现。半球形的实体，象征天国的穹窿二顶部有一方形平台，平台围以一圈石栏杆，正中立一柱竿，代表着从底部宇宙的水中通向天空的世界中轴。柱竿上的三个华盖被称为佛邸，是天界的象征，解释为佛教的佛、法、僧三宝物，佛是宇宙万物的至尊统治者（图2－1－4）。

图2-1-4 桑契大窣堵坡

2. 古代中国

中国历史的发展对人类的发展有着深远的影响，中国建筑体系与西方建筑体系也有很大不同。中国史前时期的人工环境主要是指上古至从夏、商、周、战国统一中国至两汉，大约是在公元前21世纪到公元220年。远古的中国人“穴居而野处”，“上栋下宇”——用木头为自己构造一个可避风雨、避禽兽的人工环境。由此可见，中国的古人已经基本掌握了人工构筑房屋的方法。

中国古代园林景观的出现可以追溯到商、周。最早见于文字记载的园林形式是“囿”，园林里面的主要建筑物是“台”——商代的君主都在“囿”内筑高台以观天敬神，名为“灵台”。灵台为筑土结构，体量之大是今人难以想象的。因此，中国古典园林的雏形产生于约公元前11世纪商代的囿与台的结合。

直至春秋战国时期，贵族园林不仅众多且规模较大，比较著名的是楚国的章华台、吴国的姑苏台。如名代画家绘制的《虎丘前山图轴》，就是表现春秋时期前谷虎丘的园林景象。

早在公元前9世纪，西周王朝就在北方修筑城堡以抵御北方游牧民族的入侵。春秋战国之后，各路诸侯也纷纷在自己辖区边境筑墙自卫。公元前221年，秦始皇灭了六国诸侯完成了中国的统一。为了维护国家的安全，抵御北方强大匈奴游牧民族的侵扰，把此前燕、赵、秦等国的长城连接起来，并进行大规模的扩建增修，经过十几年的努力，建起了东起辽东、西至临洮、绵延万里的长城，史称之秦长城。

长城以城墙为主体，包括城障、关城、兵营、卫所、烽火台、道路、粮舍武库诸多军事和生活设施，是具有战斗、指挥、观察、通讯、隐蔽等综合功能，并与大量长期驻屯军队相配合的军事防御体系。

长城上最为集中的防御据点是关城。关城均建于有利于防守的重要位置，以收到凭极少的兵力抵御强大入侵者的效果。长城沿线的关城有大有小，著名的如“山海关”“居庸关”“平型关”“雁门关”“嘉峪关”以及汉代的“阳关”“玉门关”等。

公元前206年，汉高祖刘邦称帝建汉之后，对秦长城进行了修缮，同时又修筑了一些新的长城，到汉代长城的总长度达万里以上（图2－1－5）。

图2－1－5　长城

秦代与汉代，不仅在年代上前后相续，而且“汉承秦制”，在文化性格、思潮与时代意绪上也是相近的。秦汉建筑及其室内以其浑朴之风独具一格，其中以宫殿建筑的成就最高。

秦汉建筑的巨大空间尺度的特点非常突出，它是处于上升历史阶段的封建统治力量与王权观念在建筑上的体现。而最为根本的在于文化观念上，建造巨大的建筑，其旨趣往往在于象征自然宇宙、天地的浩大无垠。

秦汉时期的园林景观也一直沿袭前代，秦始皇统一全国后，曾在渭水以南建上林苑，苑中建造很多离宫，还在咸阳“作长池，引渭水，……筑土为蓬莱山”，开始了筑土堆山。到汉武帝时，修复并扩建上林苑，面积延伸到渭水以南，南山以北都成为汉帝的苑囿，把长安城从两、南两面包围起来。武帝在长安城西兴建的建章宫是当时最大的宫殿，他信奉方土神仙，因此在宫内修建太液池，池中堆筑蓬莱、方丈诸山，来象征东海神山。这种摹仿自然山水的造园方法是中国古代园林的主要设计手法，而池中置岛也成了园林布局的基本方式。

（四）古代美洲

1. 玛雅

古代的玛雅文化创造了可以与世界上同期相争辉的建筑艺术。玛雅文明是美洲古代印第安文明的杰出代表，以印第安玛雅人而得名。主要存在于墨西哥南部、危地马拉、伯利兹以及洪都拉斯和萨尔瓦多西部地区，约形成于公元前2500年，15世纪衰落，此后长期湮没在热带丛林中。

位于危地马拉北部丛林的蒂卡尔（Tikal）是玛雅文化的中心，如今仍有3000座以上的金字塔神庙、祭坛和石碑等遗迹分布其中，气势宏伟。

2. 托尔特克

大约在8世纪，生活在墨西哥湾西部的一支托尔特克（Toltecs）部落被外敌驱赶渡海侵入了尤卡坦半岛北部。他们很快接受了玛雅人的文化，重新使玛雅文明恢复活力，进入了玛雅的后古典时代。

位于墨西哥境内尤卡坦半岛北部梅里达城东120公里处的奇琴伊察（Chichen Itza）城是托尔特克——玛雅文明的重要遗物，现存数百座建筑物，素有“羽蛇城”之称。奇琴伊察古城最早建于432年，保存至今的建筑有金字塔神庙、千柱厅、球场、天文观象台等遗迹，其中最著名的建筑是建于987年的库库尔坎（Lukulkan）金字塔神庙和武士神庙。

3. 阿兹台克

阿兹台克（Aztecs）文明主要指墨西哥首都墨西哥城周围的几个古代文明遗址，其中最早、最大的是城东北40公里的特奥蒂瓦坎。欧洲殖民者到来前，印第安人在这里建起了强大的阿兹台克帝国，首都是特诺奇蒂特兰（现墨西哥城），他们创造的文明也称“阿兹台克文明”。

特奥蒂瓦坎（Teotihuacan）在印第安语中的意思是“诸神之都”，这里兴建有大量宏伟的建筑，成为当时中美洲的第一大城。太阳金字塔和月亮金字塔，是特奥蒂瓦坎古城的主要组成部分。太阳金字塔是特奥蒂瓦坎古城最大的建筑，建于2世纪，是古印第安人祭祀太阳神的地方。这座气势宏伟的接近四棱锥体的五层建筑坐东朝西，逐层向上收缩，正面有数百级台阶直达顶端。特奥蒂瓦坎有着规整和严谨的布局设计，俯瞰特奥蒂瓦坎的遗址，它的整个城市似乎是严格按照一个事先的计划方案统一设计建造的，显示出简明的几何性特征。一般而言，古代城市往往是自然扩展形成的，然而，特奥蒂瓦坎的建筑布局却显示出某种数学的精密，网格状布局构成了清晰的几何形图案（图2-1-6）。

图2-1-6　特奥蒂瓦坎

（五）古希腊与古罗马

1. 爱琴时期

古代爱琴海地区以爱琴海（Aegean Sea）为中心，包括希腊半岛、爱琴海中各岛屿与小亚细亚西岸的地区。它先后出现了以克里特（Crete）麦西尼（Mycenae）为中心的古代爱琴文明，史称克里特——麦西尼文化。

属于岛屿文化的克里特（约公元前20世纪上半叶）是指位于爱琴海南部的克里特岛，其文化主要体现在宫殿建筑而不是在神庙上。宫殿建筑及内部设计风格古雅凝重，空间变化莫测极富特色。最有代表性的就是克诺索斯王宫（Palace of Knossos），是一个庞大复杂的依山而建的建筑，建筑中心是一个长52米，宽27米的长方形庭院。四周是各种不同大小的殿堂、房间、走廊及库房，而且房间之间互相开敞通透，室内外之间常常用几根柱子划分，这主要是克里特岛终年气候温和的原因。另外，内部结构极为奇特多变，正是因为它依山而建，造成王宫中地势高差很大，空间高低错落，走道及楼梯曲折回环，变化多端，曾被称为“迷宫”。

2. 古代希腊

古代希腊（Helles）是指建立在巴尔干半岛及其邻近岛屿和小亚细亚西部沿岸地区诸国的总称。古代希腊是欧洲文化的摇篮，希腊人在各个领域都创造出令世人刮目的充满理性文化的光辉成就，建筑艺术也达到相当完善的程度。古代希腊的建筑艺术分为古风时期和古典时期（图2-1-7）。

古代希腊的建筑艺术分类

古风时期（Archaic Period）的建筑还处在发展阶段，当时的社会认为建筑艺术不仅仅是内部空间，而且更重要的是表现在建筑的外部，因此他们的全部兴趣和追求都体现在建筑的外部形象。的确也由于这一时期在神庙建筑及其建筑装饰上所奠定坚实的基础，设计原则和规律对以后的建筑产生深远的影响。典型的神庙是大理石建成的有台座的长方形建筑，其中短边是主要立面和出入口，上面有扁三角形的山墙。神庙的中间是供置神像的正殿，前后各有一过厅，殿堂的四周是一圈柱廊，是外观的重要部分，它的主要建筑装饰部位就是柱廊中的柱子和神庙前后上部的山墙及檐壁。这些构件基本上决定了神庙整个面貌。因此古希腊建筑艺术的发展，都集中在这些构件的形式、比例和相互组合上。	古典时期（Classical Period），是希腊建筑艺术的黄金时代。在这一时期，建筑类型逐渐丰富，风格更加成熟，室内空间也日益充实和完善。帕提农（The Parthenon）神庙作为古典时期建筑艺术的标志性建筑，座落在世人瞩目的雅典卫城的最高处。帕提农神庙是希腊建筑艺术的典范作品，无论外部与内部的设计都遵循理性及数学的原则，体现了希腊和谐、秩序的美学思想；形式和比例的精美，传达出一种数的关系，即黄金分割律；神庙中的每一条垂直线都是弧形的，使人感到优美饱满而富有弹性；充分运用“视觉校正法”来避免因错觉而产生的不协调感。

图2-1-7　古代希腊的建筑艺术分类

3. 古代罗马

正当古希腊繁荣开始衰落时，西方文化的另一处发生地——罗马(Rome)，在亚平宁半岛崛起了。古代罗马包括亚平宁半岛、巴尔干半岛、小亚细亚及非洲北部等地中海沿岸大片地区。古罗马自公元前500年前后起，进行了长达二百余年的统一亚平宁半岛的战争，统一后改为共和制。以后，不断地对外扩展，到公元前1世纪建立了横跨欧、亚、非三洲的罗马帝国。古希腊的建筑被古罗马继承并把它向前大大推进，达到奴隶制时代的最高峰。形建筑类型多，形制发达，结构水平也很高，故建筑的形式和手法极其丰富，对以后的欧洲乃至世界的建筑产生了深远的影响。

古罗马时期开始广泛应用券拱技术，并达到相当高的水平，形成了古罗马建筑的重要特征。这一时期重视广场、剧场、角斗场、高架输水道等大型公共建筑。

罗马帝国是世界古代史上最大的帝国，其中在公元前一世纪至三世纪初兴建的许多规模宏大而且具有鲜明时代特征的建筑，成为继古希腊之后的又一高峰。万神庙（The Pantheon）是这一时期神庙建筑最杰出的代表，它最令人瞩目的特点就是以精巧的穹顶结构创造出饱满、凝重的内部空间——圆形大殿。万神庙以其内部空间形象的艺术感染力而震撼人心。

罗马大角斗场建于公元75年至80年，平面为椭圆形，长轴188米，短轴156米，中央为角斗场，是用于角斗的区域，周围有一道高墙与观众席隔开，以保护观众的安全。四周围合的观众席有60排看台。罗马角斗场规模宏大，设计精巧，其建筑水平更是令人惊叹。尤其是它的立柱与拱券的成功运用，它用砖石材料，利用力学原理，建成的跨空承重结构，不仅减轻整个建筑的重量，而且使建筑具有一种动感和延伸感。

帝国时期，罗马更是大建凯旋门、纪功柱、帝王广场和宫殿，为帝王歌功颂德，炫耀财富。在罗马人所创造的各类建筑式样中，若论影响之深远，似应首推凯旋门，它是罗马建筑中比较特殊的一种形态，为皇帝夸耀功绩之用。罗马城内君士坦丁凯旋门建于公元312年，是这类建筑的代表作之一。

哈德良离宫是帝国皇帝哈德良的离宫，位于罗马城东郊提沃利，占地18平方公里。

离宫处在两条狭窄的山谷之间，用地极不规则且地形起伏很大。离宫内除了宏伟的宫殿群之外，还建有大量的生活和娱乐设施，如图书馆、剧场、庙宇、浴室、竞技场、游泳池、画廊及其他附属建筑。这些建筑布局随意而没有明确的轴线，随山就势，变化十分丰富。离宫的中心部分为较规则的布局，园林部分变化较多，既有规则式庭园、柱廊园，还有布置在建筑周围的花园，如图书馆花园；还有一些希腊式花园，如绘画柱廊园，以回廊和墙围合的矩形庭园，中央有水池。回廊采用双廊的形式，适于夏季和冬季使用。

哈德良离宫遗址中运河被很好地保留下来，尽管水已干涸，但仍隐约可辨。整个离宫以水体统一全园，有溪、河、湖、池及喷泉等。哈德良离宫就是由哈德良皇帝本人计划的，把运河、池塘、喷泉，瀑布等自然环境与建筑这种人工环境充分融合起来。

二、中古时期的环境设计

（一）早期基督与罗马式

1. 早期基督

公元1世纪，产生于地中海东岸巴勒斯坦的基督教，是从犹太教中分化出来的，成为广大民众的精神寄托。基督教堂和古代神庙有本质上的区别，古代神庙是供神居住的场所，其祭神仪式只在庙前进行，而基督教堂则需容纳众多的教徒，来进行宗教礼拜活动。因此早期的基督教外部形象是相当朴素的，而室内空间不仅高大宽敞，而且装饰豪华，主要是采用丰富多样的材料以及室内陈设品所构成的。有大理石墙壁、镶嵌壁画马赛克地坪，以及从古罗马继承的华丽的柱式。

罗马早期的基督教堂是在拱顶结构的古代巴西利卡（Basilica）建筑基础上发展成一种长方形有祭坛的教堂形式。它的内部一般是三个或五个长廊组成的空间，每个长廊中间用柱廊隔开，中间的主廊比两侧的宽阔而高深，并有高侧窗。长廊的一头是入口，另一头是横廊，横廊的正中半圆形为圣坛。圣阿波利奈尔（S. Apollinare）教堂，也是早期基督巴西利卡教堂的典型代表（图2－1－8）。

图2－1－8　圣阿波利奈尔教堂

2. 罗马式

罗马式（Romanesque）的这个名称是19世纪开始使用的，含有“与古罗马设计相似”的意思。它是指西欧从11世纪晚期发展起来并成熟于12世纪，主要特点就是其结构来源于古罗马的建筑构造方式，即采用了典型罗马拱券结构。

罗马式教堂的空间形式，是在早期基督教堂的基础上，再在两侧加上两翼形成十字形空间，且纵身长于横翼，两翼被称为袖廊。这种空间造型，从平面上看象征基督受难的十字架，而且纵身末端的圣殿被称为奥室，在法文中为“忱头”的意思，因此这部分是被想象成钉在十字架上基督的头所忱之处。由早期的在结构上由早期的木构架发展成石材拱顶，因为木构架极容易造成火灾。拱顶在这一时期主要有筒拱和十字交叉拱两种形式，其中十字交叉拱首先从意大利北部开始推广，然后遍及西欧各地，成为罗马式的主要代表形式。

11～12 世纪是罗马式艺术在法国形成和逐步繁盛的时期，并在西欧中世纪文化中起着带头作用。较为著名的教堂要数位于法国南部的图鲁兹（Toulouse）的圣塞南（St. Sernin）教堂，由于图鲁兹是朝圣路上较重要的一站，因此圣赛南教堂是一个朝圣典型的大教堂。

比萨（Pisa）大教堂是意大利罗马式教堂建筑的典型代表。在比萨广场上有大教堂、洗礼室、钟楼。比起教堂本身来说，比萨斜塔的名气似乎更大一些。其实，它只是比萨大教堂的一个钟楼，因其特殊的外形、历史上与伽利略的关系而名声大噪。并且历经多年，塔斜而不倒，被公认为世界建筑史上的奇迹。

（二）拜占庭

公元 395 年，罗马帝国分裂成东西两个帝国。东罗马帝国建都黑海口上的君士坦丁堡，得名为拜占庭帝国。拜占庭（Byzantine）的文化是由古罗马遗风、基督教和东方文化三部分组成的与西欧文化大相径庭的独特的文化，对以后的欧洲和亚洲一些国家和地区的建筑文化发展，产生了很大的影响。

位于君士坦丁堡（Constantinople）的圣索菲亚（St. Sophia）大教堂可以说是拜占庭建筑最辉煌的代表，也是建筑室内设计史上的杰作。教堂采取了穹窿顶巴西利卡式布局，东西 77 米，南北 71.7 米。中央大殿为椭圆形，即由一个正方形两端各加一个半圆组成，正方形的上方覆盖着高约 15 米，直径约 33 米的圆形穹窿，通过四边的帆拱，支承在四角的大柱墩上，柱墩与柱墩之间连以发券。中央穹窿距地近 60 米，南北两侧的空间透过柱廊与中央的大殿相连，东西两侧逐个缩小的半穹顶造成步步扩大的空间层次，既和穹窿融为一体，又富有层次。

意大利曾是古罗马的中心，古代建筑遗迹很多，所以文化艺术同古希腊罗马艺术传统有着内在的联系，如建筑的规模结构和装饰手法，都遵循着原有的规律。并且在意大利艺术风格很不统一，东部主要受拜占庭影响较大，南部受伊斯兰文化影响较多。位于南部的威尼斯（Venice）与拜占庭有着密切的关系。其圣马可大教堂（San Marco Cathedral）是中世纪最著名的一座。

俄罗斯人属于东斯拉夫人种，大约在862年时在诺夫哥罗德（Novgorod）出现了第一个俄罗斯国家，882年首都迁至基辅。早期的俄罗斯人信奉的是原始的拜物教，公元10世纪拜占庭的东正教传入了俄罗斯，拜占庭的建筑形式和建筑技术也一并风行俄国。俄罗斯的建筑风格可以说是拜占庭的延续和发展。

克里姆林宫（Kremlin）位于俄罗斯的莫斯科中心。克里姆林宫周围是红场和教堂广场等一组规模宏大、设计精美的建筑群。

（三）哥特式

12世纪中叶，罗马式设计风格继续发展，产生了以法国为中心的哥特（Gothic）式建筑，然后很快遍及欧洲，13世纪到达全盛时期，15世纪随着文艺复兴的到来而衰落。

哥特式建筑是在罗马式基础上发展起来的，但其风格的形成首先取决于新的结构方式。罗马式风格虽然有了不少的进步，但是拱顶依然很厚重，进而使中厅跨度不大，窗子狭小，室内封闭而狭窄。而哥特风格由十字拱演变成十字尖拱，并使尖拱成为带有肋拱的框架式，从而使顶部的厚度大大减薄了。哥特式建筑中厅的高度比罗马式时期更高了，一般是宽度的3倍，且在30米以上。建筑内外垂直形态从下至上，给人的感觉整个结构就像是从地下长出来的一样，产生急剧向上升腾的动势，从而使内部的视觉中心不集中在祭坛上，而是所有垂线引导着人的眼睛和心灵升向天国，从而也解决了空间向前和向上两个动势的矛盾。因此哥特式风格的教堂空间设计同其外部形象一样，以具有强烈的向上动势为特征来体现教会的神圣精神。

法国是哥特式建筑及室内设计风格的发源地，其中最令人瞩目的就是巴黎圣母院（Notre Dame，Paris）。它位于流经巴黎的塞纳河中的斯德岛上，于1163～1320年建成，属于早期哥特式最宏伟的建筑，也是欧洲建筑史上一个划时代的标志。

第二节 近代环境艺术设计

一、文艺复兴的环境设计

14 世纪，在以意大利为中心的思想文化领域，出现了反对宗教神权的运动，强调一种以人为本位并以理性取代神权的人本主义思想，从而打破了中世纪神学的桎梏，自由而广泛地汲取古典文化和各方面的营养，使欧洲出现了一个文化蓬勃发展的新时期，即文艺复兴（Renaissance）时期。“文艺复兴”一词，原为意大利语，为再生或复兴的意思，即复兴希腊、罗马的古典文化，后来被作为 14—16 世纪欧洲文化的总称。

在建筑及环境设计上，这一时期最明显的特征就是抛弃中世纪时期的哥特式风格，而在宗教和世俗建筑上重新采用体现着和谐与理性的古希腊、古罗马时期的柱式构图要素。此外，人体雕塑、大型壁画和线型图案锻铁饰件也开始用于室内装饰，这一时期许多著名的艺术大师都参与建筑及其环境设计，并参照人体尺度，运用数学与几何知识分析古典艺术的内在审美规律，进行艺术作品的创作。因此，将几何形式用作设计的母题是文艺复兴时期主要特征之一。

（一）早期文艺复兴

15 世纪初叶，意大利中部以佛罗伦萨为中心出现了新的建筑设计倾向，在一系列教堂和世俗建筑中，第一次采用了古典设计要素，运用数学比例创造出一批具有和谐的空间效果，令人耳目一新的设计作品。伯鲁乃列斯基（Brunelleschi，1337—1446），是文艺复兴时期建筑第一个伟大的开拓者。他善于利用和改造传统，是最早对古典建筑结构体系进行深入研究的人，并大胆地将古典要素运用到自己的设计中，将设计置于数学原理的基础上，创造出朴素、明朗、和谐的建筑室内外形象。以出色的穹顶设计而被誉为早期文艺复兴代表的佛罗伦萨主教堂（Florence Cathedral），建于 1296—1462 年，平面为拉丁十字式，西部围廊式的长方形会堂长 60 多米，东部正中为八角形穹顶，在其东、南、北三面又各有一个近八角的巨室，每个巨室又设置 5 个小礼拜堂。主教堂总高约 110 米。整个工程没有借助拱架，而是以一种鱼骨结构的新颖方式建成。穹顶呈尖矢形而不是半圆，高40.5米大于半径。佛罗伦萨主教堂的穹顶以其无庸置疑的高大体积和轮廓分明的简洁外形突出体现了古罗马的理性和秩序原则。这与当时统治西欧大陆的“火焰风格”哥特建筑风格是完全不同的。同时，它作为罗马帝国灭亡以后意大利人第一次建造起的巨型穹隆结构，极大地唤起了意大利人沉睡已久的对悠久历史和古老文化的自豪感。因此，它从开始建造的那一天起，就注定以崭新的富有纪念碑气质的形象成为新时代的宣言书。

（二）盛期文艺复兴

15世纪中叶以后，发源于意大利的文艺复兴运动很快传播到德国、法国、英国和西班牙等国家，并于16世纪达到高潮，从而把欧洲整个文化科学事业的发展推到一个崭新的阶段。同时由于建筑艺术的全面繁荣，人工环境向着更为完美和健康的方向发展。

整个文艺复兴运动自始至终都是以意大利为中心而展开的。作为世界上最大的教堂圣彼得大教堂（St. Peter's Cathedral）是文艺复兴时期最宏伟的建筑工程。

1536年，米开朗基罗在罗马设计了卡比多（The Capitol）广场。卡比多广场又称市政广场，位于罗马城中心的历史文化圣地卡皮托利诺山上。

文艺复兴运动以佛罗伦萨为中心开展起来，后来也影响到威尼斯。威尼斯的文艺复兴建筑，最主要的是圣马可广场及其建筑群。圣马可广场，自古以来一直是威尼斯的政治、宗教和商业的公共活动中心。广场的主体建筑是圣马可教堂，这座教堂建筑建于11世纪，是一座拜占廷风格的教堂，立面装饰十分华美。

从16世纪30年代开始，意大利艺术家来到法国参加枫丹白露宫（Palais de Fontaineleau）的建筑工程，使得法国文艺复兴建筑进入一个新的发展阶段，枫丹白露宫位于巴黎近郊。“枫丹白露”法语中的意思是“蓝色的泉水”，因该地有一眼八角小泉，泉水清澈碧透，因此得名。枫丹白露宫以其清静幽雅的环境、秀美迷人的景色，博得了法国君主们的喜爱。它最初是供国王行猎用的别宫。自路易十四时期开始起，枫丹白露宫一直是法国王朝的驻地。

二、洛可可设计风格

洛可可（Rococo）一词，来源于法语是岩石和贝壳的意思，旨在表明其装饰形式的自然特征，如贝壳、海浪、珊瑚、枝叶和卷涡等。洛可可也同“哥特式”“巴洛克”一样，是18世纪后期用来讥讽某种反古典主义的艺术的称谓，直到19世纪才与“哥特式”和“巴洛克”平起平坐而没有贬义。洛可可建筑风格的产生背景如图2-2-1所示。

洛可可建筑风格的产生背景	
法国从18世纪初期逐步取代意大利的地位而再次成为欧洲文化艺术中心，主要标志就是洛可可建筑风格的出现。洛可可风格是在巴洛克风格基础上发展起来的一种纯装饰性的风格，而且主要表现在室内装饰上。它发端于路易十四（Louis XIV）晚期，流行于路易十五（Louis XV）时期，因此也常常被称作“路易十五”式。	17世纪末18世纪初法国的专制政体出现危机，对外作战失利，经济面临破产，社会动荡不安，王室贵族们便产生了一种及时享乐的思想，尤其是路易十五上台后，更是过着奢侈荒淫的生活，他要求艺术为他服务，成为供他享乐的消遣品。这时那种壮丽，严肃的标准和深刻的艺术思想已不能满足他们的要求，他们需要的是更妩媚，更柔软细腻，而且更琐碎纤巧的风格，来寻求表面的感观刺激，因此在这样一个极度奢侈和趣味腐化的环境中产生了洛可可风格。

图2-2-1 洛可可建筑风格的产生背景

具有代表性的洛可可设计，就是巴黎苏比兹（Soubise）公馆的椭圆形客厅。这是一座上下两层的椭圆形客厅，下层是供苏比兹公爵使用的，上层是供他夫人使用的，尤其以上层的客厅格外引人注目，整个椭圆形房间的壁面被8个高大的拱门所划分，其中4个是窗，一个是入口，另外3个拱也相应做成镜子装饰。

三、古典主义

（一）新古典主义

18世纪中叶以法国为中心，掀起了“启蒙运动”的文化艺术思潮，也带来了建筑领域的思想解放。同时欧洲大部分国家对巴洛克、洛可可风格过于情绪化倾向感到厌倦，加之考古界在意大利、希腊和西亚等处古典遗址的发现，促进了人们对古典文化的推崇。因此，首先在法国再度兴起以复兴古典文化为宗旨的新古典主义（Neoelassicism）。当然，复兴古典文化主要是针对衰落的巴洛克和洛可可风格，复古是为了开今，通过对古典形式的运用和创造，体现了重新建立理性和秩序的意愿。为此这一风格广为流行，直至19世纪上半叶。

在建筑设计上，新古典主义虽然以古代美为典范，但重视现实生活，认为单纯、简单的形式是最高理想的，强调在新的理性原则和逻辑规律中，解放性灵，释放感情具体在空间设计上有这样一些特点（图2-2-2）。

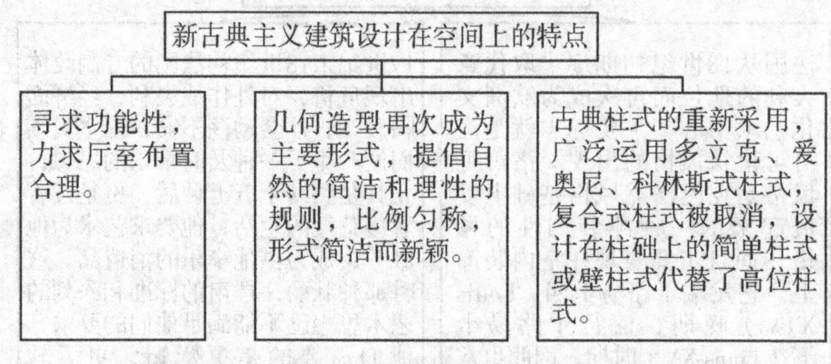

图2-2-2　新古典主义建筑设计在空间上的特点

新古典主义虽然产生于法国，然而即使是巴洛克、洛可可风格最兴盛的时期，古典主义也没有销声匿迹。尤其是在远离大陆很少受影响的英国更是如此，而且英国的设计风格从巴洛克向新古典主义过渡的时候，中间超越了洛可可阶段，因此相对来说古典主义在英国成熟比较早。那么，通过圣保罗大教堂（St Paul's Cathedral）介绍一下英国的古典主义成就。圣保罗教堂是英国国家教会的中心教堂，其整体建筑设计优雅、完美，内部静谧、安详，不仅外观恢宏，内部也装饰得金碧辉煌，美轮美奂，反映出它作为英国皇家大教堂的气派。

维康府邸是法国典型的按照古典主义原则建造的花园别墅。它的轴线很突出，建筑与花园依一条轴线对称布局。平面以椭圆形的客厅为中心，花园衬托府邸，主从关系十分明确。花园是几何形构图，中轴长达1公里，沿轴线布置了花坛、水池和树木。

（二）浪漫主义

在西欧艺术发展中，1789年的法国大革命是一个转折点，从此对艺术乃至生活的总的看法经历了一场深刻的变化。由于这场社会变革而出现了一种思想：即关于艺术家个人的创造性，以及其作品的独特性。这也表明艺术的新时期已经到来。因此代表着进步的、推动历史前进的浪漫主义便应运而生了。

18世纪下半叶，英国首先出现了浪漫主义建筑思潮，它主张发扬个性，提倡自然主义，反对僵化的古典主义，具体表现追求中世纪的艺术形式和趣味非凡的异国情调。由于它更多地以哥特式建筑形象出现，又被称为“哥特复兴”。

由设计师查理·伯瑞所设计的英国议会大厦（Houses of Parliament），一般被认为是浪漫主义风格盛期的标志（图2－2－3）。

图2－2－3　英国议会大厦

19世纪初，一些浪漫主义建筑运用了新的材料和技术，这种科技上的进步，对以后的现代风格产生很大的影响。19世纪末具有划时代意义的铁造建筑物就是巴黎的象征——埃菲尔铁塔，这是为庆祝世界博览会在巴黎举行，于1887年动工修建的一座世界著名的钢铁建筑。铁塔的设计建造者是法国建筑师埃菲尔，铁塔也因此而得名。

18世纪下半叶到19世纪的浪漫主义运动，还表现在与帕拉第奥主义建筑相配合的英国“风景庭园”（Landscape Gardenl）的兴起上。“风景庭园”兴起的意义如图2－2－4所示。

“风景庭园”兴起的意义

英国的“风景庭园”自然式风景园的出现，改变了欧洲由规则式园林统治的长达千年的历史，这是西方园林艺术领域内的一场极为深刻的革命。风景园的产生与形成，同当时英国的文化艺术等领域中出现的各种思潮以及美学观点有着密切的关系。	当时的诗人、画家、美学家中兴起了尊重自然的信念，他们将规则式花园看作是对自然的歪曲，而将风景园看作是一种自然感情的流露，这为风景园的产生奠定了理论基础。

图2－2－4　“风景庭园”兴起的意义

最具代表性的“风景庭园”是位于威尔特郡，在索尔斯伯里平原西南角的斯托海德庄园。庄园极其幽美，院内有岛、有堤；周围有缓坡、有土岗；岸边有草地、有丛林；湖岸边有亭、有桥（图2-2-5）。

图2-2-5 斯托海德庄园

最浪漫的哥特复兴建筑非德国巴伐利亚的新天鹅城堡（Neuschwanste）莫属，它堪称世界上最美轮美奂的城堡。它是由有“童话国王”之称的巴伐利亚国王路德维希二世（Ludwig Ⅱ）于1869~1886年建造的。这位生不逢时的国王仍旧沉浸在已经成为历史的君主时代的梦幻中，为此，他不惜重金在景色迷人的阿尔卑斯山中建造了这座具有浓郁浪漫色彩的城堡。天鹅城堡建筑造型优美，古典清雅；内部更是富丽堂皇，竭尽华美，充满了梦幻与华丽的格调。整个城堡在山峦云雾掩映下，如梦似幻，风姿绰约，如清丽高雅的白天鹅俏立蓝天之下，振翅欲飞。

（三）折衷主义

折衷主义从19世纪上半叶兴起，流行于整个19世纪并延续到20世纪初。其主要特点是追求形式美，讲究比例，注意形体的推敲，没有严格的固定程式。

折衷主义以法国为典型，巴黎美术学院是当时传播折衷主义的艺术中心。这一时期重要的代表作品是巴黎歌剧院。巴黎歌剧院是当时欧洲规模最大、室内装饰最为豪华的歌剧院，其建筑将古希腊罗马式柱廊、巴洛克等几种建筑风格完美地结合在一起，其规模宏大，精美细致、金碧辉煌（图2-2-6）。

图2-2-6　巴黎歌剧院

第三节　现代与后现代环境艺术设计

一、现代主义设计风格的诞生

现代主义设计，是人类设计史上最重要的、最具影响力的设计活动之一。19世纪工业革命之后，随着科学技术的迅猛发展，在世界范围内人们的生活都发生了巨大改变。在此基础上，现代主义设计运动蓬勃发展起来，涌现出一大批著名设计师及其优秀的设计作品。现代主义建筑运动的崛起，标志着建筑及环境设计的发展步入了一个崭新的发展阶段。进入20世纪以来，欧美一些发达国家的工业技术发展迅速，新的技术、材料、设备工具不断发明和完善，极大地促进了生产力的发展，同时对社会结构和社会生活也带来了很大的冲击。建筑及环境设计领域重视功能和理性，成为现代主义设计的主流。

（一）现代主义的开端

“现代主义”是一个文化含义十分宽泛的概念，它不是在单一的领域中展开的，而是由19世纪中叶开始的机械革命所导致的涉及工业、交通、通讯、建筑、科技和文化艺术等诸领域的文化运动，它给人类社会带来的巨大影响是空前的。其在建筑方面的贡献如图 2 –3 –1 所示。

“现代主义”发展在建筑方面的贡献

1852年发明的升降机以及由西蒙发明的电梯，为高层建筑的建造和使用解决了关键性的垂直交通问题。此外，在19世纪由法国发展起来的钢筋混凝土浇铸技术，经过技术改造，进一步完善了混凝土中钢筋的最佳配置体系，为建造大跨度空间提供了可能和结构材料的保证。建筑领域中的新材料、新技术、新工艺的不断涌现，为现代建筑的产生提供了不可或缺的技术支持和物质保障。毋庸置疑，先进的生产力的发展是现代建筑产生的物质基础。	20世纪初，在欧洲和美国相继出现了一系列的艺术变革，这场运动影响极其深远，它彻底地改变了视觉艺术的内容和形式，出现了诸如立体主义、构成主义、未来主义、超现实主义等一些反传统、富有个性的艺术风格。所有这些都对建筑及环境设计的变革产生了直接的激发作用。特别是在世纪之初到两次世界大战之间的期间，这些运动发展得如火如荼，在思想方法、创作手段、表现形式、表达媒介上对人类自从古典文明以来发展完善的传统艺术进行了革命性的、彻底的改革，完全改变了视觉艺术的内容和形式。

图 2 –3 –1　“现代主义”发展在建筑方面的贡献

在这样的背景下，现代主义设计首先从建筑发展起来的，传统建筑形式已越来越不能满足人们的生活要求，人们需要在更短时间内营造更多的、经济的新型建筑来满足需要。随着建筑的结构、材料以及设备等技术方面取得的突破，采用新技术的建筑不断涌现，建筑理论也得到了空前的发展。在此基础上，现代主义建筑运动蓬勃发展起来，涌现了一大批著名建筑师及优秀的建筑作品。现代主义建筑运动的崛起，标志着建筑的发展步入了一个崭新的发展阶段。

后来被称为美国著名的现代建筑大师的赖特（Frank Lloyd Wright，1869—1959）在使用钢材、石头、木材和钢筋混凝土方面，创造出一种新的并与自然环境相结合的令人振奋的关系，而且在几何平面布置与轮廓等方面表现出非凡的天才。这时期的作品就是著名的“草原式住宅”（Prairie House）。

在第一次世界大战期间，没有受到战争干扰的荷兰发展了新的设计及理论，出现了“风格派”（Destill），风格派的核心是画家蒙德里安（Pier Mondrian，1872—1944）和设计师里特威尔德（G · T · Rietveld，

1888—1964），风格派主要追求一种终极的、纯粹的实在，追求以长和方为基本母题的几何体，把色彩还原回三原色，界面变成直角、无花饰，用抽象的比例和构成代表绝对、永恒的客观实际。1924年里特威尔德在乌得勒支设计了施罗德住宅（Schroder House），这座建筑就是风格派画家蒙德里安画作的三维版。建筑构成的各个组成部分，如墙、楼板、屋顶、柱子、栏杆、窗，甚至是窗框、门框和家具，都不再被看作闭合整体中理所当然的或者可以视而不见的组成，而是表明各自不同的结构属性、功能属性和地位属性。室内中里特威尔德曾在1917年设计了著名的红蓝椅，首次把蒙德里安的二维构成延伸到三维空间。这个被誉为“现代家具与古典家具分水岭”的椅子，抛弃了所有曲线的因素，构件之间完全用搭接方式，呈现出简洁明快的几何美感，同时也具有一种雕塑形态的空间效果和量感。

（二）包豪斯

包豪斯（Bauhaus）是1919年在德国合并成立的一所设计学院，也是世界上第一所完全为发展设计教育而建立的学院。

这所学院是由德国著名建筑家、设计理论家格罗庇乌斯（Walter Gropius，1883—1969）创建的。被称为现代建筑、现代设计教育和现代主义设计最重要奠基人的格罗庇乌斯生于1883年，他曾在柏林和慕尼黑学习建筑，1907年在柏林著名的建筑师贝伦斯的事务所工作，1918年第一次世界大战结束后，一些艺术家设计师企图在这时振兴民族的艺术与设计，于是1919年格罗庇乌斯出任由美术学院和工艺学校合并而成的培养新型设计人才的包豪斯设计学院院长，1938年由于法西斯主义的扼制，迫使他来到美国哈佛大学，继续推进现代设计教育和现代建筑设计的发展。

格罗庇乌斯主张艺术与技术相结合；重视形式美的创新，同时把功能因素和经济因素予以充分重视，坚决同艺术设计界保守主义思想进行论战，他的这些主张对现代设计的发展起了巨大的推动作用。

现代主义设计具体在设计上重视空间，特别强调整体设计。现代主义建筑提出空间是建筑的主角的口号，是建筑史上的一次飞跃，是对建筑本质的深刻认识。建筑意味着把握空间，空间应当是建筑的核心。后来继任包豪斯设计学院院长的密斯（Mies vander Rohe，1886—1969）于1929年为巴塞罗纳世界博览会设计了德国馆，使千年来内外空间得分隔被一笔勾销，空间从封闭墙体中解放出来，这称为第三个空间概念阶段即“流动空间”。这个作品充分体现密斯“少就是多”的著名理念，也凝聚了密斯风格的精华和原则：水平伸展的构图、清晰的结构体系、精湛的节点处理以及高贵而光滑的材料运用。在这个作品中，密斯以纤细的镀铬柱衬托出了光滑的理石墙面的富丽，理石墙面和玻璃墙自由分隔，寓自由流动的室内空间于一个完整的矩形中。室内中的椅子是有采用扁钢交叉焊接成 X 形的椅座支架，上面配以黑色柔光皮革的坐垫，这就是其著名的“巴塞罗那椅”。德国馆是现代主义建筑最初的重要成果之一。它在空间的划分方面和空间形式处理都创造出成功的范例，并利用新的材料创造出令人惊叹的艺术效果。

（三）柯布西埃与赖特

柯布西埃（Le Corbusier，1887—1965）是现代主义建筑运动的大师之一。从 20 世纪 20 年代开始，直至去世为止，他不断地以新奇的建筑观点和建筑作品，以及大量未实现的设计方案使世人感到惊奇。他后期的设计已超越一般的现代主义设计而具有跨时代的意义。

柯布西埃出生于瑞士，1917 年移居巴黎，1920 年与新画派画家和诗人创办了名为《新精神》的综合性杂志，后来又提出了著名的“建筑是居住的机器”的观点。萨伏伊别墅（Villa Savoye）就是他早期作品的代表，这一作品的内部空间比较复杂，各楼层之间采用了室内很少用的斜坡道，坡道一部分隐在室内，一部分露于室外。

赖特在两次世界大战期间设计了不少优秀建筑，这些作品使他成为美国最重要的建筑师之一。1936 年他设计了著名的流水别墅（Falling Water），这是为巨商考夫曼（E·J·Kawfman）在宾夕法尼亚州匹茨堡市郊区一个叫熊溪的地方设计的别墅。其设计是把建筑架在溪流上，而不是小溪旁。别墅是采用钢筋混凝土大挑台的结构布置，使别墅的起居室悬挂在瀑布之上。在外形上仍采用其惯用的水平穿插，横竖对比的手法，形体疏松开放，与地形、林木、山石流水关系密切（图 2－3－2）。

二、国际主义设计风格

第二次世界大战结束后，西方国家在经济恢复时期开始进行大规模建筑活动。造型简洁、重视功能并能大批量生产的现代主义建筑迅猛地发展起来，建筑及室内设计观念日趋成熟，从而形成一个比较多样化的新局面。但总的来说这一时期，主要是指 1945 年至 70 年代初期，是国际主义

图2-3-2　流水别墅

风格（Internatiollal Style）逐渐占主导地位的时期。

国际主义风格运动阶段，主要是密斯的国际主义风格作为主要建筑形成，特征是采用“少就是多”的减少主义原则，强调简单、明确、结构突出，强化工业特点。在国际主义风格的主流下，出现了各种不同风格的探索，从而以多姿多彩的形式丰富了建筑及室内设计的风格和面貌。

（一）粗野主义、典雅主义和有机功能主义

以保留水泥表面模板痕迹，采用粗壮的结构来表现钢筋混凝土的“粗野主义”（Brutalism），是以柯布西埃为代表，追求粗鲁的，表现诗意的设计是国际主义风格走向高度形式化的发展趋势。1950年柯布西埃在法国一个小山区的山岗上设计的朗香教堂（La Chapelle de Ronnchamp），是其里程碑式的作品（图2-3-3）。

图2-3-3　朗香教堂

约翰逊早在1949年为自己设计的“玻璃住宅”时就已在室内设计中流露出典雅主义倾向。起居室中布置的密斯巴塞罗那钢皮椅子，其精致的形式和建筑空间极为协调，同时运用油画，雕塑和白色的长毛地毯等室内陈设品丰富了建筑过于简练的结构形式，说明这一时期已充分考虑到使用者的心理需求。

被称为建筑史上最经典的抒情建筑——悉尼歌剧院也应属于这一风格的作品，尤其是最小的一组壳片拱起屋面系统覆盖下的餐厅内部，更是有一种前所未有的视觉空间效果（图2-3-4）。

图2-3-4 悉尼歌剧院

（二）60年代以后的现代主义

20世纪60年代以后，现代主义设计继续占主导地位，国际主义风格发展得更加多样化。与此同时，环境的观念开始形成，建筑师思考的领域扩大到阳光、空气、绿地、采光照明等综合因素的内容。室内外空间的分界进一步模糊，高楼大厦内开始出现街道和大型庭院广场，公共空间中强调休闲与娱乐等更赋人性化的氛围。

美国著名现代建筑师约翰·波特曼（John Portman）以其独特的旅馆空间成为这一时期杰出的代表。他以创造一种令人振奋的旅馆中庭：共享空间——“波特曼空间”而闻名。共享空间在形式上大多具有穿插、渗透、复杂变化的特点，中庭共享空间往往高达数十米，成为一个室内主体广场。波特曼重视人对环境空间感情上的反应和回响，手法上着重空间处理，倡导把人的感官因素和心理因素融汇到设计中去。如采用一些运动、光线、色彩等要素，同时引进自然、水、人看人等手法，创造出一种宜人的、生机盎然的新型空间形象。由波特曼设计的亚特兰大桃树广场旅馆的中庭，就是这种典型的共享空间（图2-3-5）。

图2-3-5 亚特兰大桃树广场旅馆

始终坚持现代主义建筑原则的美籍华裔著名建筑大师贝聿铭（Peileoh ming），他的华盛顿国家美术馆东馆的建筑内外环境设计也是这一时期最重要的作品，曾是轰动一时的著名建筑，它成功地运用了几何形体，构思巧妙，与周围环境非常协调。建筑造型简洁大方、庄重典雅，空间安排舒展流畅、条理分明，适用性极强。东馆位于一块直角梯形的用地上，贝聿铭运用一个等腰三角形和一个直角三角形把梯形划分为两部分，从而取得了同老馆轴线的对应关系。内部的空间处理更是引人入胜，其中巨大宽敞的中庭是由富于空间变化、纵横交错的天桥与平台组成，巨大的考尔得黑红两色活动雕塑由三角形母题的采光顶棚垂下，使空间顿感活跃，产生了动与静，光与影，实与虚的变幻。还有一幅米洛挂毯挂在大理石墙上，使这堵高大而枯燥的墙面生色不少。中庭还散落一些树木和固定艺术构件，与空间互相渗透相映成辉。

充分体现贝聿铭的环境原则和多元因素综合原则的最好案例，是他设计的另一力作——中国北京的香山饭店，它位于北京著名的香山公园内。因为考虑到这里幽静、典雅的自然环境，还有众多的历史文物，因此设计把西方现代建筑的结构和部分因素同中国传统的设计语言，特别是园林建筑和民居院落等因素结合起来，形成一幢体现中国传统文化精华的现代建筑。

三、后现代主义

（一）戏谑的古典主义

戏谑的古典主义（Ironic Classicism）是后现代主义影响最大的一种设计类型，它是用折衷的、戏谑的、嘲讽的表现手法来运用部分的古典主义形式或符号。

摩尔（C. Moore，1925—1994）是美国后现代主义最重要的设计大师之一，他于1977—1978年与佩里兹（A. Perez）合作为新奥尔良市（New Orleans）的意大利移民而建的“意大利广场”，是后现代主义早期的重要作品。

广场平面为圆形。一侧设置了象征地中海的大水池，池中是由黑白两色石板砌成的、带有等高线的意大利地图，而西西里岛被安放在圆形广场的中心，这寓意着一股清泉从“阿尔卑斯山”流下，浸湿了意大利半岛，流入“地中海”，而移民们的家乡——“西西里岛”就位于广场的正中心，隐喻着意大利移民多是来自该岛的事实。一系列环状图案由中心向四周发散，十分明确。

日本最有影响的建筑大师矶崎新于1983年设计建成的筑波（Tsukuba Center）中心，也是最重要的后现代主义作品之一（图2－3－6）。

图2－3－6　筑波中心

由美国最有声望的后现代主义大师格雷夫斯（Michael Graves）在佛罗里达设计的迪斯尼世界天鹅旅馆和海豚旅馆，也带有明显的戏谑古典主义痕迹。建筑的外观富有鲜明的标志性，巨大的天鹅和海豚雕塑被安置在旅馆的屋顶上。内部设计更是同迪斯尼的“娱乐建筑”保持一致，而且格雷夫斯在设计中大量使用了绘画手段，旅馆大堂的天花、会议厅和客房走廊的墙壁到处充满着花卉、热带植物为题材的现代绘画。夸张的椰子树装饰造型也随处可见，让人体验到步入迪斯尼童话王国般的戏剧感受，到处洋溢着节日般欢快的气氛。在这里，古典的设计语汇仍然充斥其中，古典的线脚、拱券和灯具，以及中世纪教堂建筑中的集束柱都非常和谐地存在于空间之中。

（二）传统现代主义

传统现代主义，其实也是狭义后现代主义风格的一种类型。它与戏谑的古典主义不同，没有明显的嘲讽，而是适当地采取古典的比例、尺度、某些符号特征作为发展的构思，同时更注意细节的装饰，在设计语言上更加大胆而夸张，并多采用折衷主义手法，因而设计内容更加丰富、奢华。

由英国建筑师詹姆斯·斯特林（James Stirling，1926—1992）设计的德国斯图加特（Stuttgart）国立美术馆新馆，也是一个很有感染力的充满复杂与矛盾的后现代主义作品。富兰克林纪念馆（Franklin Court）是文丘里1972年设计的，这一作品可以作为后现代主义的里程碑，它可以从更高层次上理解后现代主义的含义。

富兰克林纪念馆建在富兰克林故居的遗址上，主体建筑建在地下，通过一条缓缓的无障碍坡道可进入地下展馆，展馆包括几个展室和一个小的电影厅，以各种形式展示了富兰克林的生平。纪念馆的设计构思饶有兴味，它没有采用惯用的恢复名人故居原貌的做法，而是将纪念馆建在地下，地面上为附近居民开拓了一片绿地（图2-3-7）。

图2-3-7 富兰克林纪念馆

纽约的珀欣（Pershing）广场也带有明显的传统现代主义的痕迹，广场的中心是一个38米高的钟楼，下面是长长的水道通向一个巨大的圆形喷泉。因地震造成的断裂线横穿广场，从喷泉通向人行道，这很自然的使人回忆起该地区曾发生的地震。两栋黄色的建筑两个广场连结起来，三角形的交通中心和餐厅让人联想欧洲的广场。珀欣广场运用多种语汇和要素营造出一个清晰而鲜明的系列空间。

现代主义是从现代主义和国际风格中衍生出来并对其进行反思、批判、修正和超越。然而后现代主义在发展的过程中没有形成坚实的核心，也没有出现明确的风格界限，有的只是众多的立足点和各种流派风格特征。

四、现代主义和后现代主义风格之后的环境设计

20 世纪 70 年代以来，科技和经济的飞速发展，人们的审美观念和精神需求也随之发生明显的变化，世界建筑和室内设计领域呈现出新的多元化格局，设计思想和表现手法更加多样。在后现代主义不断发展的同时，还有一些不同的设计流派仍在持续发展。尤其是室内设计逐渐与建筑设计的分离，室内设计更是获得了前所未有的充分发展，呈现出一幅色彩纷呈，变化万端的景象。

（一）高技派

高技派（High Tech）风格在建筑及室内设计形式上主要是突出工业化特色、突出技术细节。强调运用新技术手段反映建筑和室内的工业化风格，创造出一种富于时代情感和个性的美学效果。其具体风格特征如图 2 - 3 - 8所示。

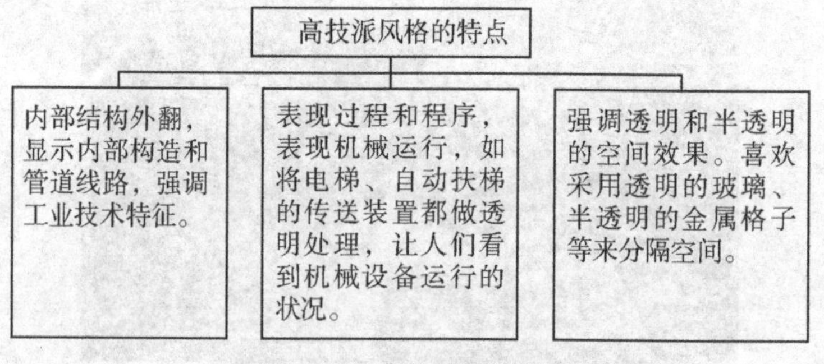

图 2 - 3 - 8　高技派风格的特点

以充分暴露结构为特点的法国蓬皮杜国家艺术中心（Center Culture Pompidov），坐落于巴黎市中心，是由英国建筑师罗杰斯（Richard Rogers）

和意大利建筑师皮亚诺（Renzo Piano）共同设计。蓬皮杜文化中心是现代化巴黎的象征。作为高技派的代表作蓬皮杜中心表现出对结构、设备管线、开敞空间、工业化细部和抽象化的极端强调，反映了当代新工业技术的“机械美”设计理念。

由英国建筑师诺曼·福斯特（Norman Foster）设计的香港汇丰银行也是一个具有国际影响意义高技派作品，大楼外墙是特别设计的外包铝板，组合着透明的玻璃板。外部透明的玻璃展示着内部的复杂而又相当灵活的空间，大楼内部的电梯、自动扶梯和办公室透过钢化玻璃幕墙一览无余，清晰可见。其结构方式是大多数部件采用了飞机和船舶的制造技术，然后经过精密安装，大厦的内部空间同外部形象一样给人一种恢宏壮观的感受。

（二）解构主义

解构主义（Deconstruction）作为一种设计风格的形成，是20世纪80年代后期开始的，它是对具有正统原则与正统标准的现代主义与国际主义风格的否定与批判。它虽然运用现代主义语汇，但却从逻辑上否定传统的基本设计准则，而利用更加宽容的、自由的、多元的方式重新构建设计体系。其作品极多地采用扭曲错位，变形的手法使建筑物及室内表现出无序、失稳、突变、动态的特征。其设计特征如图2－3－9所示。

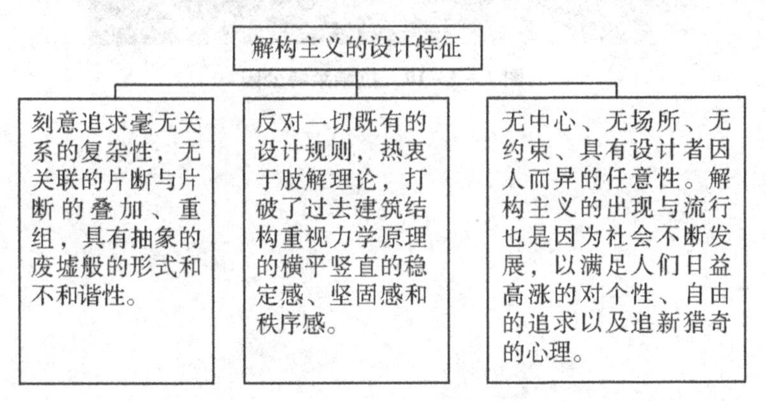

图2－3－9 解构主义的设计特征

瑞士出生的建筑家屈米（B. Tschumi），1982年设计的巴黎拉维莱特公园（Parc de la Villette）也是解构主义风格的代表作之一。该设计由点、线、面三套各自独立的体系并列、交叉、重叠而成。其中最引人注目的“点”是红色构筑物，是由屈米称之为“folies”，有疯狂之意，又意指18

世纪英国园林中适应风景效果或幻想趣味的建筑。这些“点”被整齐地安置于间隔120米的格网上，规则的矩形阵列，造型没有特别的含意，功能不一，有餐厅、影院、展厅、游乐馆、售票亭等等，它只是一种强烈的易于识别的符号，也可以完全将它看作抽象的雕塑。“线”是由小径、林荫道组成的曲线和两条垂直交叉的直线构成。直线中的一条是横贯东西的原有水渠，另一条则是长约3公里、波浪式顶棚的高科技走廊。“面”则是由不同形状的绿地、铺地和水面构成，它提供了休闲、集会和运动等多种活动环境。点、线、面三种体系交叉、重叠在一起，产生一种“偶然”“巧合”“不连续”“不协调”的状态，从而突破了传统的设计。拉维莱特公园屈米的解释是“城市发生器”（Urban Generator），这或许正是解构主义的最大价值（图2－3－10）。

图2－3－10　拉维莱特公园

第三章　环境艺术设计的基本要素

形体、色彩、材质、光影、嗅、声音，是环境艺术设计的基本要素。我们在进行环境审美时，“分析器”很快对一系列环境景观进行“扫描”。这时，“分析器”最前端的“感受器”首先接受对象的刺激，产生感觉印象，感觉印象是以“感受器”的作用为主，把对象的个别属性如形体、色彩、光感、材质、质感、味道等作为大脑的直接反映，为审美知觉提供材料。这些基本元素按一定规律可综合构成千变万化的环境形态。从理论上说这种不同的排列组合所产生结果的可能性是无穷多的。但是有一点很容易被人们忽视，我们要在这里进行重点强调，即环境艺术形态要素不能像绘画组成线条，音乐组成音符那样有很大的任意性，它有着更多的限定因素，首先表现为以满足人的功能需要为目的。

对环境形态要素进行分析，是要把握那些构成形态的相互作用的主要部分。这时要采用分析与综合的方法，从小范围来看，分析是手段，综合是目的。在心理学史上，以冯德为代表的构造心理学派则提倡叫整体关系的研究，对于要素的分析是综合的基础，否则综合就是一纸空谈。而实际上，任何要素都不是单独起作用的，如果它们只是单独地起作用，是收不到很好的效果的。所以，各个要素之间要相互渗透、补充。交叉的复合作用，因此要将深入细致的解剖与相关性的整体研究结合起来才是辩证的。我们分析环境艺术要素的目的是为了更好地理解整体，经过“分析—综合”这一过程得到的认识与理解，必然会比较深刻、全面、科学。

“形、色、光、质、嗅、声”六要素的划分是为了分析的简便而提出的，这里“形”与“色”的基本概念较易理解，因为人们对任何事物的视觉印象主要基于形和色。这两者往往存在于一个对象上。“形”和“色”的概念是广义的，例如我们看到的雾气没有具体的形状，但它的随意性、可变性、雾的状态本身就是它特有的形；人们又往往认为雾气与水等是无色的。但“无色”并不是意味着没有颜色，而是一种极值的色。它有独特的反光形式，同形在一起构成了雾的形态，能被人们看到。“光”是“色”存在的前提。这里的“光”是不同于物理意义上的光现象范畴的概念。这里的“光”指作为环境艺术造型的光，如各种类型的自然与人工照明，以及造成立体感、反映在材料表面的光影效果。质是指物体的质感，也把“肌理”包括在这一部分了，比如材料表面的粗糙与细腻，纹理的繁与简。中国古典园林中“园林胜景，唯是山与水二物”其中透、漏、瘦的山石与绿水、清池在质感上显然有着强烈的对比效果。“嗅”，主要体现在环境中的草木芬华之中。“声”，主要指风声、雨声、松涛声、竹萧声、音乐喷泉之声，等等。绝佳的环境可以调动起人的各种感官。怡人的芬芳、缤纷的色彩，如童寯先生所说：“园林无花则无生气，盖四时之景不同，欣赏游观，怡情育物，多有赖于东篱庭砌三经盆栽，俾自春至冬常有不谢之花。”陶渊明的《归去来词》中的“泉涓涓而始流”透出作者对自然之声音美的独特感受与喜好。

这六者在环境艺术的形态中，其相互作用的结果几乎囊括了所有的感知现象。其中，最基本的要素就是形，原因在于其他元素都是依附于形而存在的。

由于篇幅的限制，我们主要探讨形体、色彩、材质与光影，具体如下。

第一节　形体与色彩

一、形体

下面，我们主要围绕形体进行具体阐述，内容包括形体概述、点、线、面、体以及形状。

（一）形体概述

通常情况下，形体是指物体的形状，任何一个可以用肉眼看到的物体都是有形体的。在环境中，我们直接建造的是有形的实体，并通过有形的实体限定出无形的空间，而人所需要的生活空间便是这无形的空间。空间形式也同样具有形状等属性。空间形有别于实体形，它也受实体形的限制和影响，它们之间是正与负、“图”与“底”的关系（图3-1-1）。实体与空间是相辅相成的，不可将二者割裂开来。实体的形是以点、线、面、体等基本形式出现的，它们在环境中有各自不同的表情及造型作用，其效果与材料的色彩、质感和环境中的光等因素之间存在很大的关联。这些实体的要素限定空间，决定着空间的基本形式和性质，而不同形式的空间又有着不同的性格与情感表达。比如，我们在设计中一定要有这种空间观念：一个广场并不等于一块大面积的地面上缀以各种建筑、设施、装饰和绿化，而是将它们根据功能、技术和艺术的要求有机和谐地组织在一起的完整空间。具备这种观念，是设计成功的前提。

图 3-1-1 图与底的关系

虽然形体能被人们看到、具有客观性的特点，但是它也存在主观型的成分，即人们对它的视觉感受以及形的表现等方面具有主观性。许多人认为，它是一种“从感觉上描述物体而形成的观念”。因此，对于形的概念有着不同的解释与看法。环境的形的本质是物质的、客观的，它由形的要素有秩序地组合而产生。同时，由于人的形态感觉敏锐度不同，具体环境的不同，形具有一定的表情和意义，能对人的心理产生不同的影响作用。

某些形体被称为“有意义的形”，具有一定的表情。这主要是因为形体的一些基本要素与人的心理有某种程度的同构[1]。其实，在地球上，不仅生物体有这种同构现象，非生物体的物质，甚至人的心理结构、社会结

① 所谓同构就是指内部结构相同，而构造又是事物内部要素之间的一种相互关系。

构等精神范畴的事物也常会有同构现象存在。另外，有些形具有一些约定俗成的含义，是由于多次的交流增进了人们心目中这一含义与此形的表象之间关系的确定性（固定性），因而形成了在这些形与特定的情感或观念之间稳定的心理联系。例如，中国画中的石头，其寓意源于对石头形象的视觉感受，诸如“质朴”“守拙”等，显然，这并非石头本身所具有的意义（图3－1－2）。

图3－1－2　中国画中的石头常与“质朴”“刚正”等概念相联系

环境中的静态形体，总是能表现出动态的美。重视视点流动的效果、倾向性张力的处理和动的因素的利用，是使环境产生动态效果的主要方法。考虑视点流动的方法可以叫作空间标记法。空间标记法要求设计者凭借想象进入自己设计的环境，或者是进入所看到的建筑图、建筑模型所表现的环境，构成一系列随视点流动所产生的图景。这些图景既有序列性，又有动态性。方向和速度相结合的动因，往往包含于这种动态性之中。方向是造成动态性的一个重要因素。但丁记述过人们在波伦亚斜塔下向上望的情况，并明确指出，如果一片云正好向塔倾斜的反方向飘过，人们此时会感到塔正慢慢地倒下来。我们经常能在视点流动中发现类似的情况，如一条路延伸到某高层建筑，如果观者背向对景而走时，后视对景，会感到高层建筑正向观者逼近。

在中国古代建筑、园林艺术中，往往使用视点流动的手法。比如，在引道、入口、天井、庭院中总喜欢加一些作为近景的点缀；在室内处理花格，墙壁上开小孔，对远近的景物采取框、组、借、对等方法加以处理等等，都能在视点流动时产生相对位移的动感。西方而始的现代建筑为了创造具有动感的流动空间，也常常使用空间开放与时空连续的方法。

动态感的强化，可以通过速度来实现。例如，开着门时看马走过，感到马速不快。从门缝中看马走过，感到其速很快，所谓“白驹过隙”，说的正是这种动感。中国建筑与园林中常用小尺寸的花窗来框景，目的之一就是借相对速度感来追求景物的动态变化。李渔在《闲情偶记》中记述他游西湖时，把船两侧用屏遮挡起来，仅通过屏上的“便面”（小窗）观景，发现景物时时变幻，不为一定之形。后来，他在设计自己的住宅时用到了这一理念，故而设计出了“梅窗”。

在环境设计中，为了造成一种倾向性张力，通常运用一定的形体来实现。产生倾向性张力的形体并不是实际意义上的动，而是使人产生似动非动感觉，叫作“虚动”。在总体中利用倾向性张力的典型的例子有很多，澳大利亚建筑师伍重（John Uzon）设计的悉尼歌剧院（图3－1－3）就是一例。通过分析悉尼歌剧院，我们不难看出，它表现的是一种朝向大海的虚动。F. 布鲁内莱列斯基在15世纪初通过对罗马废墟的研究，了解了古罗马建筑艺术的特点，在设计佛罗伦萨圣玛利亚教堂穹顶时用了向上升起的穹体轮廓线。人们在教堂中向上看，有一种收缩向上的动感。建筑师沙里宁在参加悉尼歌剧院方案评选后设计的“TWA”候机楼，就是以静示动的造型。此外，他还用类似手法设计了另一个优秀建筑——耶鲁大学冰球馆。其造型犹如短跑运动员的躬身含胸即将弹出起跑线的一瞬。

图3－1－3　悉尼歌剧院

通常情况下，环境空间形体是静态的造型。环境中最普遍存在着的“动”，是生活场面和环境昼夜四时的变化。举个简单的例子，天空的云彩作为建筑画面的背景，日月星辰散步于天空，也是建筑物的动的陪衬。极富创意的设计师用各种处理手法把上述变化“引”到具体环境中来，例如屋顶洞、玻璃幕墙、开放平面；在室内外安排水面，产生动的光影变化。

除此之外，在现代的环境艺术设计中真正的“动”的形体也得到越来越多的使用。动态雕塑、喷泉流水装点环境；灯光旗帜烘托气氛等。美国达拉斯凯脱旅馆在细高的建筑顶部设置了一个球形体，其中设有旋转餐厅、酒吧、瞭望台。球形体由网架构成，在网架接点处都装有灯光。白天，它缓缓旋转，摄入周围的画面；到了晚上，它的灯光闪烁，装点着一望无际的星空。波特曼设计的旅馆在共享空间中安排了透明的外挂电梯，而且还设置了动态剧场。

环境中的任何实体的形分解，可以抽象地概括为五种基本构成要素，即点、线、面、体、形状。在这里，需要特别指出的一点是，它们是人视觉感受中的环境的点、线、面、体、形状，在造型中具有普遍性意义。

形体的这五个基本构成要素不是由固定的、绝对的大小尺度来确定的，而是取决于人们的一定观景位置、视野，取决于它们本身的形态、比例以及与周围环境与其他物体的比例关系。图 3 - 1 - 4 是亨利·摩尔(Henry Moore) 设计的“斜倚的人像”，与广场灯相比较而言，该雕塑的形可看作是体，但与后面的高层建筑相比较而言，该雕塑的形只能被看作一个点，而不是一个体。

图 3 - 1 - 4　斜倚的人像

（二）点

在环境空间中，相对较小的形体都可以被视作点，它在空间中可以形成人的视线集中注视的焦点。因此，某一具体的环境空间往往使用单个点构图来强调、标志中心。例如，1544 年米开朗琪罗设计的罗马卡比多广场，入口处从台阶而上，广场呈梯形，左边为档案馆右边是博物馆，中间是元老院。独具匠心的是广场中央布置了一个点状形——奥雷克里亚斯骑马像，突出地强调了中心（图 3 –1 –5）。1985 年建的日本福岛县三春町立岩江小学的入口处理成一面光墙，用单点强调，形成主轴线；为了形成次主轴线，又在相邻的开间特意做了一个假的山尖。

图 3 –1 –5　罗马卡比多广场

而在室内环境中，也可以随时见到点：小的装饰物与陈设、墙面交叉处、扶手的终端都可视为点。显然，相对于它所处的空间而言，它只要足够小，就可以被称为点。例如，一幅小画在一块大墙面上或一个家具在一个大房间中可完全作为视觉上的点来看待。尽管点很小，但它在视觉环境中常可起到以小制大的作用。形态特别而且与背景反差强烈的点，特别是动的点更能引人注目。如图 3 –1 –6 所示，罗马万神庙的天窗小孔及由此射入的光点由于随阳光移动赋予了该静态空间一种活力。

当单点不在面的中心时，它及其所处的范围就会活泼一些，富有动势。以吕佐广场住宅（图 3 –1 –7）为例，其侧立面山墙加了一个“单点”，使无窗户的墙面变得富有生气，而且构图意味也得到了增强。

当点超过一个时，可以建立这样的秩序：无序、复杂、变幻莫测的自由分布点，此外，还可以建立排列对称、稳定、渐进、有节奏或韵律感的严整秩序。

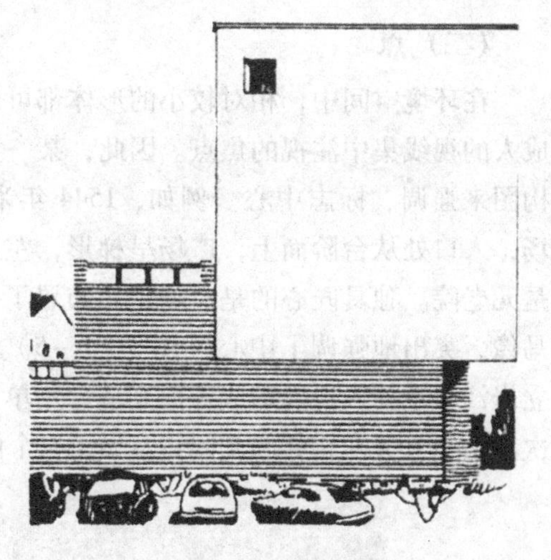

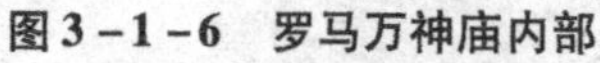

图3-1-6　罗马万神庙内部

图3-1-7　吕佐广场住宅

在环境中，两点构图能够起到某种方向作用，可建立三种秩序，即水平、倾斜和垂直布置。两点构图可以限定出一条无形的构图主轴，也可两点连线形成空幕。三点构图除了产生平列、直列、斜列之外，又增加了曲折与三角阵（图3-1-8）。四点构图除了以上布置之外，最主要的是能形成方阵构图。点的构图展开之后，铺展到更大的面所产生的感觉叫作点的面化。由于点大且多，点的面化效果十分突出。点的面化，如镂空花窗，就没有什么点的感觉了，给人带来的就是一个面的感觉。点的线状排列也冲淡了点的感受，如希腊罗马建筑檐下的小齿，中国古建筑的椽头、瓦当等处理。进而，足够密集的点可以转化为“面”或“体”的感觉。

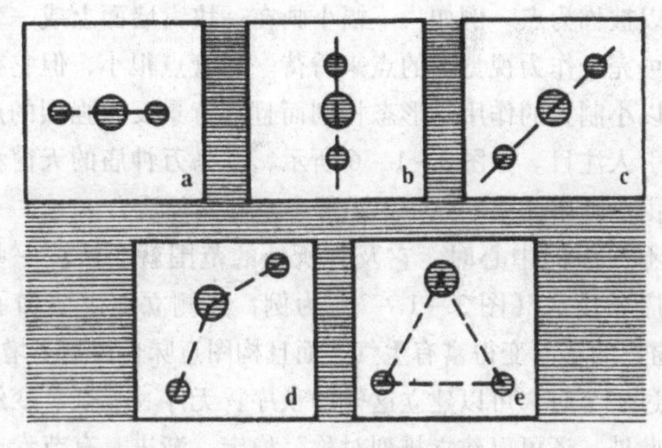

图3-1-8　三点构图

（三）线

线，就是点的线化的最终结果（图3-1-9）。在几何上，线的定义是“点移动的轨迹”，面的交界与交叉处也产生线。例如，有些线如边缘线、分界线、天际线等，在实体建成之后能看得见，可称之为实际线或轮廓线。另外，在环境艺术设计时，我们要做的轴线、动线、造型线、解析线、构图线等。这些线在实体建成后并不存在，但可以被人感觉到，可称之为虚拟线。前者可以使人产生很明确而直接的视感，后者可被认为是一种抽象理解的结果。“线是关系的表述”，这就是视觉感受上线的心理根源。面的凹凸“起伏”或不同方向在光照中呈现出不同的明暗变化，这时视觉感受到的线实际上是物体面的“明暗交界线”以及物体与背景相互衬托出的“轮廓线”。

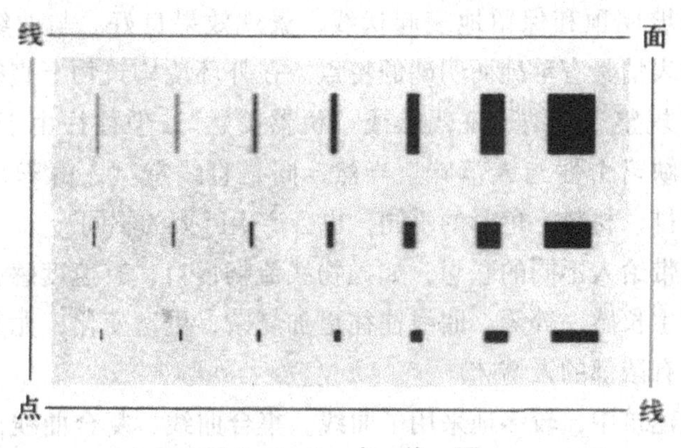

图3-1-9　点—线—面

实际上，环境实体造型就是造境，即创造某种艺术境界或意境。而创造境界，必然会涉及线这一基本要素。中国建筑与园林造型注重在线上下功夫。西方虽以体和面的表现为主，但这些是必须通过线来构成的。

在环境中，只要能产生线的感觉的实体，都可被称为线。例如，一栋住宅的平面，单独存在是一个面，但将其布置在一定的环境中，便产生线感。从比例上来说，线的长与宽之比应超过10∶1，太宽或太短就会引起面或点的感觉。

我们在生活中，总是能发现“线”这种实体，而且种类繁多，但无外乎几何线形与自由线形，主要体现在人工环境中的几何线形在环境造型中的运用区分为直线和曲线。直线可以分为三种，即水平、垂直、倾斜。自由线形主要由环境中尤其是自然环境中的地貌、树木等要素来体现。线与线相接又会产生更为复杂的线型，如折线是直线的接合，波浪线是弧线的接合等。当今的环境空间中，水平线与垂直线是最常见的线，因为“方盒子”是环境空间的主要组成部分。

通常情况下，水平线主要取决于楼地面。环境艺术设计对水平线加以表现，能产生平稳、安定的横向感。垂直线由重力传递线所规定，它使人产生力的感觉。特别是平行的一组垂直线在透视上呈束状，能强化高耸感，而哥特式建筑就是典型的例子。此外，不高的众多的垂直线横向排列，由于透视的关系，线条逐渐变矮变密，能让人觉得严整、有节奏。而倾斜线往往会给人带来相反的感觉——不安定、多变化。它主要由地段起伏不平、屋面等原因造成。需要注意的是，设计者在设计过程中，应好好考虑如何应用倾斜线，最好其数量不要超过水平线与垂直线。青岛在环境中重视采用坡屋顶和保留地表起伏线，景观效果良好。与曲线相比较而言，直线的表情具有单纯而明确的特点。在外环境构筑物上直线造型往往会给人带来规整、简洁、现代感或“机器美感”，但往往由于过于简单，会使人感到缺乏个性与人情味。当然，同是直线造型，由于线本身的比例、总体安排、材料、色彩的不同，也会产生巨大的不同。

曲线则带给人不同的联想，如抛物线流畅悦目，有速度感；螺旋线具有升腾感和生长感，等等。曲线往往更加复杂、更富变化，尤其显得具有亲切感，具有浓郁的人情味。

在古代建筑中，较多地采用了曲线。集合曲线、复合曲线，往往应用于环境艺术设计之中。简单几何曲线具有严整性、肯定性，易于被人掌握、利用；后者具有自由性、多变性、不易掌握，使人感到它与自由线型相似。在运用上述两种曲线时，按所取形态的不同，又分为开放曲线与闭合曲线两种。开放曲线包括半圆拱券、尖券、抛物线拱、冷却塔的双曲线、中国建筑屋顶举架线、螺旋楼梯线、柱式中的涡饰线，等等；闭合曲线包括斗兽场的平面、意大利式和法国式的观众厅，等等。文艺复兴时期，古典主义建筑、广场用的直线较多，而巴洛克式建筑用的曲线较多。

意大利建筑师波特盖希，于20世纪60年代中期设计的波波尼奇多层住宅模仿了巴洛克式建筑，不论平面还是形体都主要用的是曲线。设计采用曲线来强调门与窗户；用曲线形成起居室中的就餐、团聚、前室等空间。平面以暖炉和凹形餐桌为中心，由金币式的地面、圆形楼梯、曲线墙面和各种欢快曲线演奏了一场浪漫的乐曲（图3－1－10）。

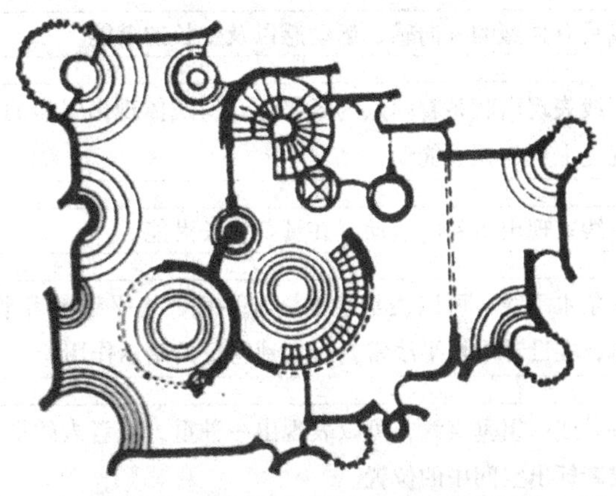

图 3-1-10 波波尼奇多层住宅平面

在处理环境时运用曲线，通常会产生强烈的效果。例如明尼阿波利斯联邦储备银行，整个立面布置了一条抛物线，产生了很强的标志效果。以悉尼歌剧院为例，曲线在造型上起了决定性作用，极具生气感与人情味。曲线的引入会打破环境中直线条所带来的呆板僵硬的感受。即使在规矩的空间内，仅是曲线的墙面装饰、曲线的休息椅、曲线的家具造型、曲线的绿化植物等，也能够起到改善环境的作用。另一方面，曲线在设计中的运用要适度，要丰富而不要繁琐，要繁简得当，还要在对比中使用，只有做到这一点才不给人们带来不安定的感觉，也不会显得杂乱无章。

在环境中，作为线出现的视觉形象有许多，有些线应该有意被强调而突出出来，如作为装饰的线脚、结构的线条等；有些是被有意隐蔽起来的，如被吊在天花中的构造、设备的线条等。

一些专家、学者指出，直线的装饰性远不如曲线那么强。而持这种观点的较具有影响力的人物是英国画家荷加斯。在他看来，波纹线能引导眼睛去追逐其无限多样的变化，所以叫作“美的线条”。另一位学者温克尔曼曾指出：“一个美的身体的形式是由线条决定的这些线条经常改变它们的中心，因此决不形成一个圆形的部分，在性质上总是椭圆形的，在这个椭圆性质上它们类似于希腊花瓶的轮廓。”他推崇椭圆形的美，当时盛行的巴洛克艺术总是用椭圆线、波形线等曲线，与这些著名专家学者的观点可能存在某种联系。

为了使各位读者更好地认识线的特性，我们对其做出了总结，主要归纳为八个方面，如图 3-1-11 所示。

线的特性

- 线具有强烈的方向感、运动感以及生长的潜能。
- 直线表现出联系着两点的紧张性；斜线体现出强烈的方向性，视觉上更加积极能动。
- 曲线表现出柔和的运动，并具备生长潜能。
- 一条水平线，可以表示稳定、地平面、地平线或者平躺的人体，在设计中水平线常具有大地特征的暗示作用。
- 一条或一组垂直线，可以表现出一种重力或者人的平衡状态，或者标出空间中的位置。
- 斜线是视觉动感的活跃因素，往往体现着一种动态的平衡。
- 垂直的线要素，可以用来限定通透的空间。
- 如果有同样或类似的要素做简单的重复并达到足够的连续性，那这个要素也可以看成是一条线。这一类型的线具有重要的质感特性。

图 3－1－11　线的特性

（四）面

实际上，线的展开就是面。面具有长度、宽度，但没有高度。此外，它还可以被视为体或空间的边界面。点或线的密集排列可以产生面的视觉效果，在一个原有的面上用线可以再划分出新的面。面的表情主要取决于由这一面内所包含的线的表情以及其轮廓线的表情。例如，理查德·迈耶设计的马德里美术馆，可看出他有意强调面的设置，柱子与墙面像是一块块片状的积木；窗子的位置也强调了面的感觉；甚至连阳台板也是挂上去的块面。

另外，面还可以被理解为线平移或沿曲线移动、绕轴旋转而成。环境艺术设计中的面主要分为两种，即充实面与中空面。前者如楼地面、顶棚面、内外墙面、斜顶面、穹顶面、广场地面、园林水面等；后者如孔口、门窗、镂空花饰等。上述面又包括平面、斜面与曲面。

平面在环境空间中十分常见，大多数墙面、家具等造型均以平面为主。如果平面经过精心组合，会产生趣味、生动的效果，否则单独的平面比较生硬，没有好的视觉效果。“瓦西里”椅子就是一个很好的例子（图

3-1-12)。方形与矩形，圆与半圆，三角形与多角形为设计中常用的基本形。方形四边及对角线分割相等，把它连续等分，交替产生$\sqrt{4}$矩形与方形，在环境造型上使用，具有灵活性。它被认为是一种纯粹、静态、向心、稳定、中性、无偏向的面。最早用比例对矩形进行研究的是毕达哥拉斯，他在如图3-1-13所示的五角星中找出BC/AB = AB/AC = 0.168的关系。按此比例做出的矩形优美对称，后被人们称为黄金比矩形。

图3-1-12 “瓦西里”椅子

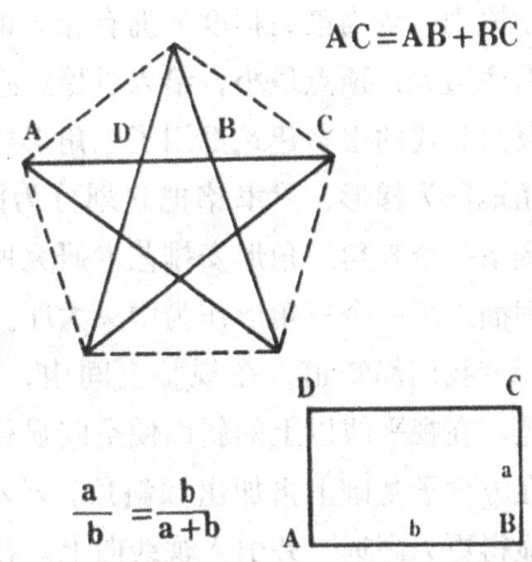

图3-1-13 黄金比矩形

其做法如图3-1-14所示。黄金比矩形去掉一个正方形AEFD，还是一个黄金比矩形。帕提农神庙、维纳斯雕像都用了黄金比。除这种矩形之外，古典建筑造型还采用$\sqrt{2}$、$\sqrt{3}$、$\sqrt{4}$、$\sqrt{5}$的矩形系列。$\sqrt{2}$矩形之所以常用，原因在于连续二等分永远产生$\sqrt{2}$矩形。它特别适合于需要折叠的物的造型，如建筑施工图纸、印刷品等。$\sqrt{3}$的矩形的特点接近于黄金比。$\sqrt{4}$矩形边长比为1∶2，连续等分交替出现正方形与$\sqrt{3}$矩形，它之所以在建筑上被广泛采用，主要在于便于组合，例如普通砖、面砖、装饰件、铺地、工业生产的钢材、日本建筑平面单元——都采用$\sqrt{5}$矩形。$\sqrt{5}$矩形稍偏长，比值为

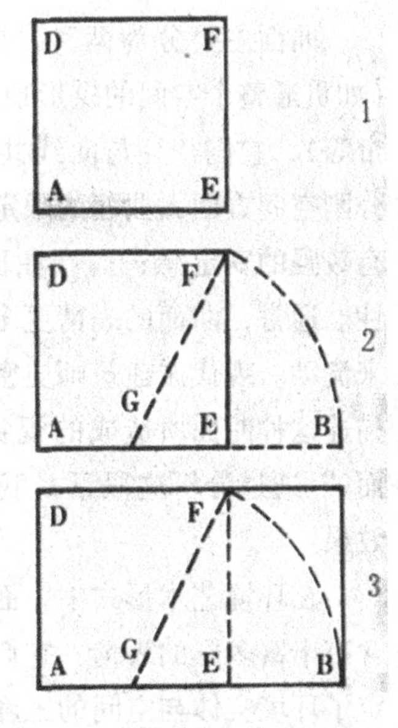

图3-1-14 黄金比矩形做法

1∶2.22，宽银幕电影即采用这种矩形作画面。圆形与方形一样，有肯定的性质和简单的规律，易于被人掌握。

早在原始社会就已出现了圆形窝棚、圆形坑居和叠涩屋。毕达哥拉斯对圆也有特殊的爱好。他说：“一切立体图形中最美的是球形，一切平面图形中最美的是圆形。”希腊露天剧场合理的使用了半圆，罗马万神庙采用了图形平面，顶为半球的造型。后来，奥古斯丁基于“寓多于一”的美学原则，认为最高程度上拥有相等的量，而且富于变化，所以最美。三角形底边大，顶点最小，给人以稳定感。金字塔、希腊神庙、中世纪和文艺复兴时代的很多建筑都用了三角形构图。贝聿铭设计的美国国立美术馆东馆地段为梯形，贝聿铭把它划分为两个三角形：等腰三角形布置美术馆，剩下一个直角三角形安排艺术研究所的房间。有分就有合，他还在三角形间插入了一个三角形作为中央大厅。

我们都知道，在规整空间中，较少存在变化，而斜面可以改善这一点。在视平线以上的斜面使空间显得低矮近人些，所以可带来亲切感；而在方盒子基础上再加出倾斜角，较小的斜面组成的空间则会加强透视感，显得更为高远，并引入视线向上。在视平面以下的斜面常常具有使用功能上较强的引导性，如斜的坡道、滑坡等这些斜面常具有一定动势，使空间变得动感。

曲面主要分为两种，即几何曲面与自由曲面。它可以是水平方向的（如贯通整个空间的拱形顶），也可以是垂直方向的（如悬挂着的帷幕、窗帘等），它们往往与曲线共同起作用，使空间产生不同的变化。在限定和分割空间方面，曲面的限定性更强。曲面内侧的区域感比较明显，人可以有较强的安定感；而在曲面外侧的人更多地感到它对空间和视线的导向性。通常，曲面的表情更多的是流畅与舒展，富有弹性和活力，为空间带来流动。现代派建筑师史密斯设计了一所曲线形平面风格的住宅，他常常描述这种曲面所造成的视觉效果说：“就像从摇镜头中所看到的电影画面。”通过分析这段话，我们不难看出，这就是史密斯追求的动态视觉效果。

在环境艺术形式中，面是一个十分重要的因素。形状各异的实体表面含有丰富多彩的表情，它们是环境形式语言中的极重要的组成部分。面限定了环境实体与空间的三度体积。面的属性（尺寸、形状）以及它们之间的空间关系，决定了环境实体的主要视觉特征，以及它们所围合的空间的感官质量。环境中的面依照相对位置的不同可分为基面、墙面与顶面。任何环境场所都需要基面的支撑，因此基面是环境的重要构图要素。顶面是“帽子”，它或平整或弯曲，或简洁或丰富，对于环境形式均具重要影响。尽管环境中的面，尤其是建筑中的墙面形状要受到内容的制约，但在不违背内容要求的前提下，对面的轮廓线进行推敲，在面上“抠洞”“削切”，可以使原先呆板、生硬的面，变得有趣、生动起来。有时，有必要对大面积的地面、墙面、顶面进行面的划分，调整面的尺度和比例，产生多层次构图，这样一来，面的表情就会更加丰富。

为了使各位读者更好地了解面的特性，我们对其做出了总结，主要归纳为四个方面，如图 3 – 1 – 15 所示。

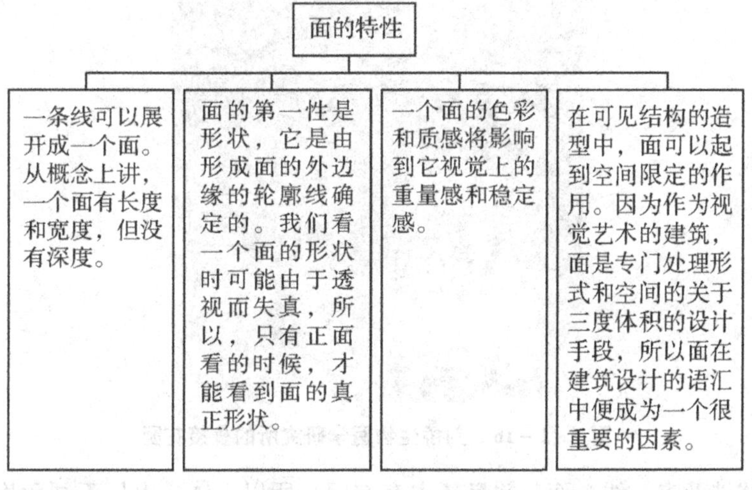

图 3 – 1 – 15　面的特性

（五）体

面在平移后，就形成了体（线的旋转轨迹也能形成体）。体主要有三个量度，即长度、宽度和高度，显然，它是三维的、有实感的形体。体一般具有重量感、稳定感与空间感。

几何形体与自由形体，是环境艺术设计中经常采用的体。较为规则的几何形体有直线形体，以立方体为代表，具有朴实、大方、坚实、稳重的性格；有曲线形体，以球体为代表，具有柔和、饱满、丰富、动态之感；有中空形体，以中空圆柱、圆锥体为代表，锥体的表情挺拔、坚实、性格向上而稳重，具有安全感、权威性。较为随意的自由形体则以自然、仿自然的风景要素的形体为代表，岩石坚硬骨感，树木柔和，皆具质朴之美。

此外，还有单一形体组合成的复合形体，玛莎·施瓦茨设计的剑桥生物医学研究所的叠接花园就是一个很好的例子（图 3-1-16）。它的形体可以理解为由三个部分组成：

（1）点：几个界面相交处的顶点。

（2）线：界面间的相交界面。

（3）面：形体的表面，又称界面。

图 3-1-16　剑桥生物医学研究所的叠接花园

体涉及点、线、面，并且还占有空间。所以，体是由从不同角度看到的不同视觉印象叠加而得的综合感觉的总和。因此，对体的研究与观赏要考虑到视点移动的效果，即加进时间因素。

环境艺术在表现内容方面，具有抽象象征性的特征，往往利用较为规则的几何形体以及简单形体的组合，它们是表现某具体环境特定含义、气氛的有效词汇。如室外环境中的建筑组群、园林构筑物、大型浮雕等艺术品、各种景观设施，室内环境中的构造节点、家具、雕塑、墙体凸出部分以及许多器物、陈设品等。“体”常与“量”“块”等概念相联系。体的重量感与其造型、各部分之间的比例、尺度、材料（表面质感、肌理）甚至色彩有关。具有重量感的体会使其周围（或由体所围合）的空间也具有稳定、凝重的气质。巨大的实体构件往往造就静态与沉重的空间。例如，古罗马时期的建筑内部（从平面图上可看出实体比例与尺度之大），厚重结实的结构墙的限制和不使用小窗，使本来很大的空间显得具有庄重的感觉，而且凸显出其力量感。

平面布局，是形体的研究中最重要的一部分。布鲁诺·塞维(Bruno zevi)在《建筑空间论》中研究空间的表现方法时，首先就提到了平面图形。他说："平面图仍然是我们要整体地评价一个建筑有机体唯一可利用的图样。"柯布西耶也认为"平面是根本"。他们的观点同样也适用于环境艺术设计。但是，为了表现三维空间，平面图、立面图、剖面图、模型与计算机虚拟空间结合起来，才能在人们与设计者心目中产生具体环境空间的设计效果。

环境造型通常有很多组合和排列方式。经过长期的分析与研究，我们对形体组合的方法做出了总结，主要归纳为四个方面：

（1）分离组合。这种组合按点的构成来组成，较为常用的有辐射式排列、二元式多中心排列、散点布置、节律性排列、脉络状网状布置等。形成成组、对称、堆积等特征（图3－1－17）。

（2）拼联组合。将不同的形体按不同的方式拼合在一起。

（3）咬接构成。将两体量的交接部分有机重叠（图3－1－18）。

图3－1－17　分离组合

图3－1－18　咬接构成

（4）插入连接体。有的形体不便于咬接，此时，可在物体之间置入一个连接体。体型组合会产生主从对比、近似同一、对比统一、对称协调的视觉心理感受，但是它们都有离不开整体性、肯定性、层次性、主从性的一般性要求。

为了使各位读者更好地了解体的特性，我们对其做出了总结，主要归纳为四个方面，如图3－1－19所示。

体的特性

- 形体是体的基本的、可以辨认的特征。它是由面的形状和面之间的相互关系所决定的，这些面表示体的界限。
- 作为建筑设计语汇中三度的要素，一个体可以是实体即体量所置换的空间，也可以是虚体即由面所包容或围起的空间。
- 一个体量所特有的体形，是由描述出体量的边缘所用的线和面的形状与内在关系决定的，可以运用扭转、叠加等手法增加体的变化。
- 作为构成形态的元素之一的体量，还能以突出的形态特征插入群体体量中，从而获得强烈的对比效果。

图 3-1-19　体的特性

（六）形状

通常，形状有三种情况，如图 3-1-20 所示。

形状的三种情况

- 自然形，包括自然界中各种形象的体形。
- 非具象形，是有特定含义的符号。
- 几何形，根据观察自然的经验，人为创建的形状，几乎主宰了建筑和室内设计的建造环境，最醒目的有圆形、三角形和正方形。

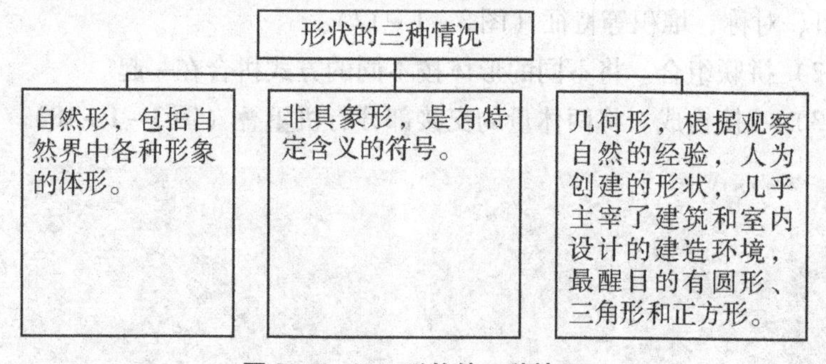

图 3-1-20　形状的三种情况

每种形状都有自身的特点和功能，对于环境艺术设计的实践有重要作用。在设计中，它们的运用十分灵活、富于变化（图 3-1-21）。

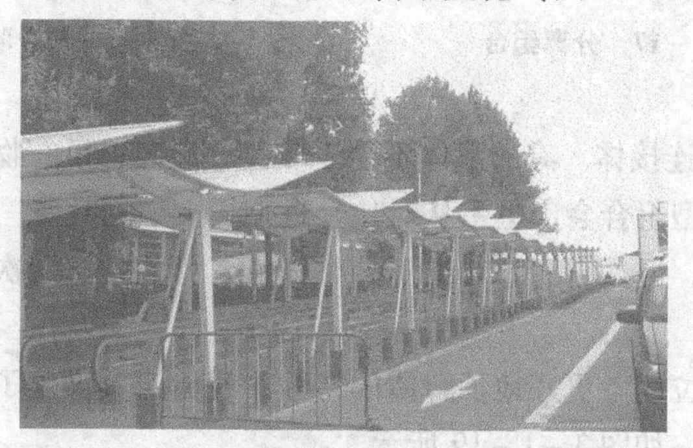

图 3-1-21　形状在建筑设计运用中的灵活性

经过长期的分析与研究，我们对形状的主要特性做出了总结，主要归纳为三个方面：

（1）图纸空间被形状分割为“实”和“虚”两部分，形成图底关系（图 3－1－22）。

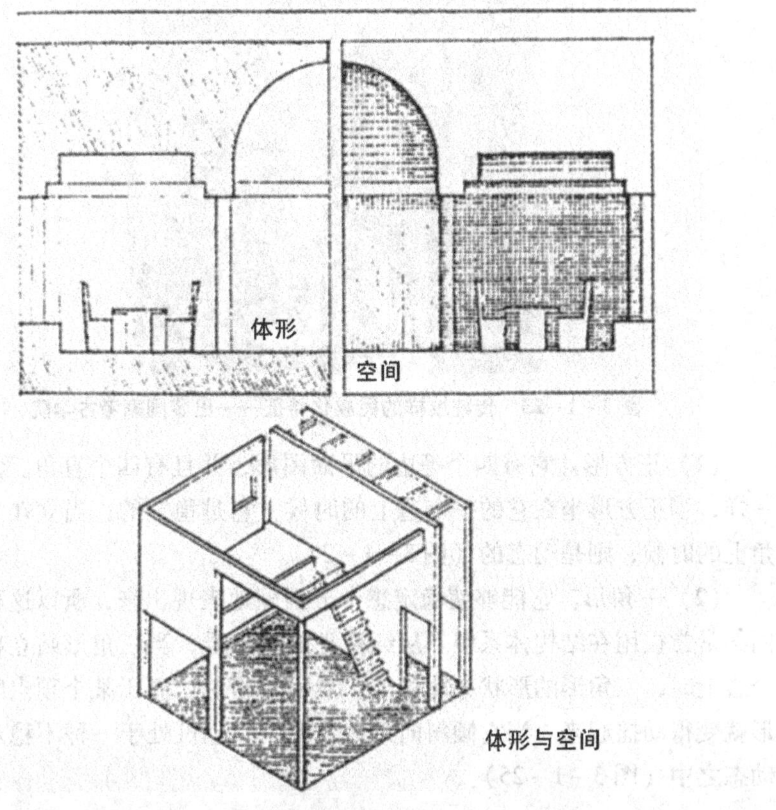

图 3－1－22　图底空间的虚实关系

（2）形状被赋予性格，它的开放性、封闭性、几何感、自然感都对环境艺术起着重要的影响。例如圆形给人完满、柔和的感觉，扇形活泼，梯形稳重而坚固，正方形雅致而庄重，椭圆流动而跳跃。

（3）对形的研究还涉及民族的潜意识和心理倾向，特别是固定样式成为民族化语言的主要表达方式，巴黎国家考古学院就是一个很好的例子（图 3－1－23）。

可以说，正方形、三角形与圆是形状中的基本形状，具有十分重要的意义。

图3－1－23　传统纹样的民族化特征——巴黎国家考古学院

（1）正方形。它有四个等边的平面图形，并且有四个直角。像三角形一样，当正方形坐在它的一个边上的时候，它是稳定的；当立在它的一个角上的时候，则是动态的（图3－1－24）。

（2）三角形。它能够使稳定感十分强烈地表现出来，所以这种形状和图案常常被用在结构体系中。从纯视觉的观点看，当三角形站立在它的一个边上时，三角形的形状亦属稳定。然而，当它伫立于某个顶点时，三角形就变得动摇起来。当它倾斜向某一边时，它也可处于一种不稳定状态或动态之中（图3－1－25）。

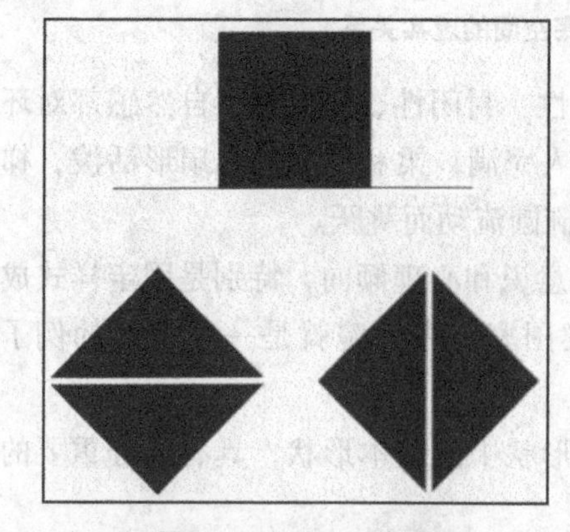

图3－1－24　正方形

图3－1－25　三角形

（3）圆。一系列的点，围绕着一个点均等并均衡安排。圆是一个集中性、内向性的形状，通常它所处的环境是以自我为中心，在环境中有统一规整其他形状的重要作用（图3－1－26）。

图3－1－26　圆

二、色彩

在环境形态中，色彩是一个十分重要的要素。对于环境形态来说，它往往依附于形或光而出现。与形相比，色彩在情感的表达方面占有优势。人们观察物体时，首先引起视觉反应的是色彩，随着观察行为的进展，人眼对形与色的注意力才逐渐趋于平均。色彩往往给人非常鲜明而直观的视觉印象，因而具有很强的可识别性。色彩是很容易被人接受的，哪怕是无知的小孩，他们对环境的色彩都有反应。所以，色彩的感觉是一般美观中最大众化的形式。那些注目性强的色彩常常更能引起人们的视觉注意，即具有“先声夺人”的力量。所以有“远看颜色近看花，先看颜色后看花，七分颜色三分花”之说。在一些情况下，色彩能赋予普通形体一定的美感，起到“画龙点睛”的作用。但色彩往往也会受到形的一定限制，这就要求每位设计者必须做到在设计过程中与形一致，和谐配合，同时又与具体用途及环境进行恰当的搭配，只有做到这些，才能达到预期的效果。

在色彩学家阿恩海姆（Ruddf Arnheim）看来，形和色都具有视觉的两个最独特的功能：它们传达表情，还使我们通过对其的辨认而获得信息。他又写道：“说到表情作用，色彩却又胜过形状一筹，那落日的余晖以及地中海的碧蓝的色彩所传达的表情，恐怕是任何形状也望尘莫及的。”

(一) 色彩三要素

应该说，环境中的色彩问题是色彩学在环境艺术设计中的应用分支。色彩三要素——色相、明度（色值）、纯度（饱和度），是决定人对色彩的感觉的主要因素。

1. 色相

从光学角度看，色相[①]（Hue）差别是由光渡波长长短不同产生的，色彩的相貌是以红、橙、黄、绿、青、蓝、紫的光谱色为基本色相，一定波长的光或某些不同波长的光混合，呈现出不同的色彩表现，这些色彩表现就称为色相。

2. 明度

实际上，明度[②]（Value）共有三种情况：

（1）同一种色相，由于光源强弱的变化会产生明度的不同变化。

（2）同一色相的明度变化，是由同一色相加上不同比例的黑、白、灰而产生的。

（3）在光源色相同情况下，各种不同色相之间明度不同。

在无彩色中，白色明度最高，黑色明度最低；在白色与黑色之间存在一系列的灰色，靠近白色的是明灰色，靠近黑色的是暗灰色。在有彩色系中，最明亮的是黄色，最暗的是紫色。因此，这两种颜色是彩色的色环中划分明、暗的中轴线。

在色彩三要素中，最具有独立性的就是明度。其原因在于，它能只通过黑白灰的关系单独呈现出来。任何一种有彩色，当掺入白色时，明度就会提高；当掺入黑色时，明度会降低；掺入灰色时，即得出相对应的明度色。可见，色相与纯度的显现依赖于明暗。如果色彩有所变化，那么明暗关系也会随之改变。

3. 纯度

纯度[③]（Chroma）属于有彩色范围内的关系，取决于可见光波长的单纯程度。当波长相当混杂时，就是无纯度的白光了。在色彩中，红、橙、

---

① 色相是指色彩的不同相貌，是色彩最主要的特征，也是区分色彩的主要依据。

② 对于色调相同的色彩来说，如果光波的反射率、透射率或是辐射光能力不同时，最终的视觉效果也不同，这个变化的量称为明度（Value）。明度是指色彩的明暗程度。

③ 纯度又称饱和度，是指反射或透射光线接近光谱色的程度。但凡是有纯度的色彩，必有相应的色相感，某颜色的色相感表现越明显，其纯度值就越高。

黄、绿、青、蓝、紫等基本色相纯度最高，在纯色颜料中加入白色或黑色后饱和度就会降低，黑、白、灰色纯度等于零。

一个纯色加白色后所得的明色，与加黑色后所得的暗色，都称为清色；在一个纯色中，如果同时加入白色和黑色所得到的灰色，称为浊色。二者相比之下，明度上可以一样，但纯度上清色比浊色高。纯度变化的色可通过以下三种方式产生：

（1）三原色互混。

（2）用某一纯色直接加白、黑或灰。

（3）通过补色相混。

需注意一点，即色相的纯度与明度不一定是正比关系，前者高并不意味着后者也高。

（二）色调

按照色彩三要素，色调[①]共有三种分类方法：

（1）按照色相，可划分为红色调、黄色调、绿色调、蓝色调等。

（2）按照明度，可划分为明色调、暗色调、灰色调等。

（3）按照纯度，可划分为清色调、浊色调等。

（三）色彩的视觉生理规律

众所周知，光是色彩这种物理现象的本质。人们所看到的各种颜色，是光、物体、人的视觉器官三者之间关系的产物。色彩是色光所引起的视觉反应，没有视知觉的先天盲人，就无法想象和理解色彩；有视知觉，但没有色彩视知觉的色盲者，也无法辨认和感觉色彩。然而，人们的视知觉是建立在人的视觉器官的生理基础上的。为了更加深入地研究和应用色彩，我们应对色彩的视觉生理机制与视觉生理现象有所了解。

1. 色彩的视觉生理机制

（1）人眼的构造

人眼的外形呈球状，故称眼球。眼球内具有特殊的折射系统，使进入眼内的可见光汇聚在视网膜上。视网膜上含有感光细胞，即视杆细胞和视锥细胞。它们把接收到的色光信号传到神经节细胞上，又由视神经传到大脑皮层枕叶视觉中枢神经，色感就这样产生了。

为了使读者更好地了解眼球的构造，我们制作了图 3-1-27。眼球壁

---

① 色调是指色彩的外观特征和基本倾向，色调是由色彩的三要素决定的。

是由三层膜组成的。外层是坚韧囊壳，保护眼的内部，称为纤维膜，它的前1/6为角膜，后5/6为白色不透明的巩膜。角膜俗称眼白，光由这里折射进入跟球而成像。中层总称葡萄膜，颜色像黑紫葡萄，由前向后分为三部分，即虹膜、睫状肌和脉络膜。虹膜能控制瞳孔的大小，光线较强时，瞳孔变小，反之则变大。因此，虹膜能调节进入眼球的进光量。在眼球的内侧有视网膜，是感受物体形与色的主要部分。物体在视网膜上形成倒立的影像。

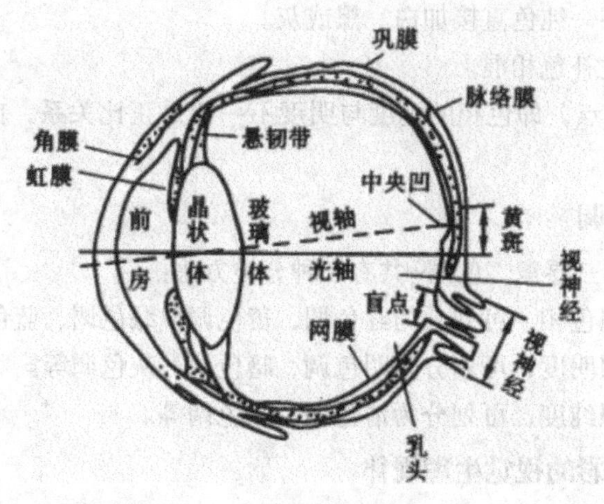

图3－1－27 眼球解剖示意图

物体在视网膜上成像要通过水晶体、玻璃体、黄斑、中央凹等的共同作用来完成。光通过水晶体的折射，传给视网膜。水晶体能对焦距加以调整，作用与透镜相差无几。水晶体内含黄色素，黄色素的含量随年龄的增加而增加，对人们对色彩的视觉感受产生影响。光必须通过玻璃体才能到达视网膜，玻璃体带有色素，这种色素随年龄和环境的不同而变化。黄斑位于瞳孔视轴所指之处，即视锥细胞和视杆细胞最集中的地方，是视觉最敏感的位置，影响着人对色彩的感觉。黄斑下方是视神经，是物体在视网膜上刺激信息传入大脑视觉中枢的通道；其入口处形成乳头状，因缺少视觉细胞而没有视觉能力，故称为盲点。视网膜的上方是中央凹，这里是看到物体最清晰的位置，即物体影像与中央凹的距离越远，就越显得模糊。

眼睛的感光是由视网膜上的视觉细胞所致，即视锥细胞与视杆细胞。视锥细胞主要集中在中央凹内，含有三种感光蛋白原，分别接受红、绿、蓝三种色的感光作用，与色光的三原色相对应。它在强光下有着十分灵敏的感觉，能感觉色彩信息。视杆细胞主要分布在视网膜边缘，是人眼适应夜间活动的视觉机制，对色彩的明暗有着敏锐的感觉，可感受到弱光的刺激，在弱光下能辨别明暗关系，但不能分辨色相关系。

视杆细胞与视锥细胞共同完成物体的明暗度与彩色关系的视觉感受。视杆细胞多，则在弱光下视觉反应较强，反之则较差。靠近眼球前方各处有很多视杆细胞，但视锥细胞很少。每个人由于视锥细胞与视杆细胞的多少不同而形成个人之间的视觉差异。因此，人与人对色彩的认知不会完全相同。

（2）视觉过程

色彩，是人对世界认识的第一步。视觉的产生要经历这样的过程：首先要有光源把物体照亮，物体表面就会有光散射出来，散射出来的光投射到人眼睛的视网膜上，通过视网膜上的感光细胞把信号传递给大脑，经大脑分析判断后，就产生了视觉。入射光到达视网膜之前，折射主要发生在角膜和水晶体的两个面上。由于眼睛内部各处的距离都固定不变，只有水晶体可以凸出，故依靠水晶体曲率的调节可以使影像聚集在视网膜上。

视觉功能正常的人，物体影像投入眼球后，经折射正好聚焦在视网膜的感光细胞上。而视觉功能有障碍者，聚焦会自动落在感光细胞靠前或靠后的位置，这也是形成近视或远视的主要原因。人随着年龄的增长，眼球中的水晶体的弹性逐步减弱，调节能力也不像年轻时那么强，因此产生老年远视的视觉生理状态。老人看近处的物体常需借助于聚光跟镜，将近处的光收拢后射入眼球，才能使物体在视网膜上成像。

2. 色彩的视觉生理现象

实际上，色彩的三要素在不同光源下产生复杂的变化时，在视觉生理上的反应也是错综复杂的。下面，我们主要围绕色彩的视觉生理现象进行具体的阐述。

（1）视阈与色阈

所谓视阈就是人的眼睛在固定条件下能够观察到的视野范围。视阈内的物体投射在视觉器官的中央凹时，物像最清晰；视阈外的物体则呈模糊不清状态。视阈的范围因刺激的东西不同而有所不同。人的视觉器官的解剖特征和心理、生理特征，是视野大小的决定因素。

所谓色阈就是人眼对色彩的敏感区域。由于视锥细胞中的感光蛋白原分布情况不同，而形成一定的感色区域。中央凹是色彩感应最敏感的区域。由中央凹向外扩散，感红能力首先消失，最后是感蓝能力的消失。色彩的视觉范围小于视阈，其原因在于，视锥细胞在视网膜上的分布、颜色不同，视觉范围也不尽相同。

（2）视觉适应

经过长期的分析与研究，我们对视觉适应[①]的所有情况做出了总结，主要归纳为以下三个方面。

①明暗适应。在日常生活中，当你从亮处走进暗室时，开始什么也看不清，后来逐渐恢复正常视觉，这种现象叫作暗适应；反之，当我们从暗处走向亮处时，开始会感到耀眼，什么都看不清，后来逐渐恢复正常视觉，这种现象叫明适应。

在暗适应的过程中，眼睛的瞳孔直径扩大，使进入眼球的光线增加10~20倍，视网膜上的视杆细胞迅速兴奋，视敏度不断提高，从而获得清晰的视觉。这一过程大约需要5~10分钟。明适应是视网膜在光刺激由弱到强的过程中，视锥细胞和视杆细胞的功能迅速转换，与暗适应相比较而言，其适应时间要短很多，大约只需2秒。

②颜色适应。在太阳光下观察一个物体，然后马上移至室内白炽灯下观察，开始时，室内照明看起来会带有黄色，物体的颜色也带有黄色，几分钟后，当眼睛适应室内的灯光环境后，刚转移进来时的黄色感觉渐新消失，室内照明也慢慢趋向白色。这种人眼在颜色刺激作用下所造成的颜色视觉变化称为颜色适应。

③距离适应。人眼具有自动调节焦距的功能。晶状体可以通过眼部肌肉自由改变厚度来调节焦距，使物像在视网膜上始终保持清晰的影像。因此，在一定的视觉范围内，眼睛能看清楚不同距离的物体。

（3）视觉后像与视觉平衡

当外界物体的视觉刺激作用停止以后，在眼睛视网膜上的影像感觉并不会立刻消失，这种视觉现象叫作视觉后像。如果眼睛连续注视两个景物，即先看一个景物后再转移看另一个景物，视觉会产生相继对比，因此又称为连续对比。视觉后像分为以下两种。

①正后像。当视觉神经兴奋尚未达到高峰，由于视觉惯性作用残留的后像叫正后像。比如，你在电灯前闭眼3分钟，突然睁开注视电灯两三秒，

① 所谓视觉适应，就是人的感觉器官适应能力在视觉生理上的反应。

然后再闭上眼睛，那么在暗的背景上将出现电灯光的影像。也就是说，正后像就是物体的形与色在停止视觉刺激后，仍暂时有所保留的现象。

②负后像。正后像是神经正在兴奋而尚未完成引起的，负后像[①]则是神经兴奋过度所引起的，因此二者相反，负后像的色彩反映为原物色的补色。负后像反映的强弱与观察物体的时间成正比，观察时间越长，负后像越强。当你长时间凝视一个红色方块后，再把目光迅速转移到一张灰白纸上时，将会出现一个绿色方块。由此推理，当你长时间凝视一个红色方块后，再转向绿色时，绿色感觉更绿；如果将视线移向黄色背景，那么黄色上会带有绿色。同理，灰色的背景上，如果注视白色（或黑色）方块，迅速抽去白色（或黑色）方块，灰底上将呈现较暗（或较亮）的方块。

色彩中的负后像是色相的补色，是由视觉生理与视觉心理平衡的需要而产生的，因此又称心理补色。自然界的色彩使人的视觉器官产生色觉，同时也使大脑中枢神经产生色彩的生理平衡需求。色彩视觉上负后像的产生，就是视觉生理互补性平衡的需要。视觉负后像的干扰，往往有碍于人们对颜色的判断。如初学色彩者在练习看色时，长时间的色彩刺激会引起视觉疲劳而产生后像，降低感受色彩的灵敏度与分辨能力。为了避免这种情况的发生，我们在观察和看色时，要对节奏加以把握。

为了保持视觉生理的互补性平衡，在色彩设计时必须使色彩搭配协调。中性灰（即 5 级灰），是人眼对色彩明度的舒适要求。其原因在于，它符合视锥细胞感光蛋白原的平均消耗量，又不会刺激人眼。此外，能产生视觉生理平衡效果的多种色彩组合，亦可符合要求。

（4）色彩的前进感与后退感

从生理学上讲，人眼晶状体的调节作用对距离的变化十分灵敏，但它存在限度——无法正确调节波长微小的差异。眼睛在同一距离观察不同波长的色彩时，波长长的暖色在视网膜上形成内侧影像；波长短的冷色则形成外侧影像。这也是暖色“前进”、冷色“后退”的主要原因。

色彩对比的知觉度，也在一定程度上影响着色彩的前进感与后退感。通常情况下，对比度强、明快、高纯度的色彩具有前进感，对比度弱、暧昧、低纯度的色彩具有后退感。

---

① 所谓负后像，是指由于视觉神经兴奋过度而产生疲劳并诱导出相反的结果。

（5）色彩的膨胀感与收缩感

不同的色彩会产生不同的膨胀感与收缩感，导致面积错视现象。当各种不同波长的光同时通过水晶体时，聚集点并不完全在视网膜的一个平面上。因此，视网膜上的影像的清晰度就有一定的差别。长波长的暖色影像在视网膜后方，焦距不准确，因而在视网膜上所形成的影像模糊不清，具有一种扩散性；而短波长的冷色影像就比较清晰，似乎具有某种收缩性。所以，我们平时在凝视红色的时候，时间长了会产生眩晕现象。如果我们改看青色，那么这种现象就会消失。如果我们将红色与蓝色对照着看，由于色彩同时对比的作用，其面积错视现象就会更加明显。

明度，也在一定程度上影响着色彩的膨胀感与收缩感。明度高有扩张、膨胀感；明度低有收缩感。有光亮的物体在视网膜上所形成影像的轮廓外似乎有一圈光圈围绕着，使物体在视网膜上的影像轮廓有所扩大。比如，通电发亮的电灯的钨丝比通电前的钨丝似乎要粗得多，生理物理学上称这种现象为“光渗”现象。

（四）色彩的视觉心理现象

下面，我们主要围绕色彩的视觉心理现象进行具体的阐述。

1. 色彩组合与心理效应

我们都清楚，色彩是大自然的产物，对人的心理产生一定的影响，有必要对其做出研究。下面，我们主要围绕色彩组合及其对人产生的心理效应进行具体的阐述。

（1）色彩的冷暖感

色彩本身并无冷暖的区分，其冷暖感是人类从长期生活感受中取得的经验：红、橙、黄像火焰，给人以暖和感；绿、蓝、蓝绿，像海洋、冰川，给人以凉爽感。从色相上看，红、橙、黄等暖色系给人以暖和感，相反，绿、蓝、蓝绿等冷色系给人以凉爽感；在纯度上，纯度越高的色彩越趋暖和感，而明度越高的色彩越有凉爽感，明度低的色彩则有暖和感。无彩色总的来说是冷的，黑色则呈中性。

（2）色彩的轻重感

色彩可以改变物体的轻重感，色彩轻重的视觉心理感受与明度有关。明度高的色彩给人以轻的感觉，如白色、浅蓝色、天蓝色、粉绿、淡红等；而明度低的颜色给人以重的感觉，如黑色等。如图 3－1－28 所示，两个体积、质量相等的皮箱，分别涂以黑色、白色，然后用手提、目测两种方法判断木箱的质量。结果发现，仅凭目测难以对质量做出准确的判断，可是利用木箱的颜色却能够得到轻重的感觉：浅色密度小，使人产生轻盈感；深色密度大，使人产生厚重感。

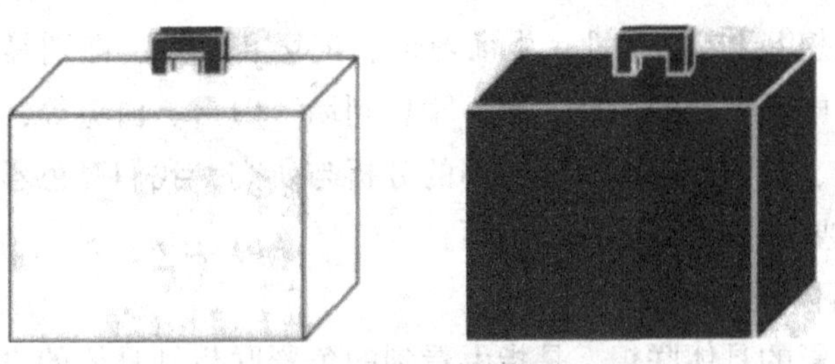

图 3－1－28　色彩轻重的心理效应

在日常生活中，色彩的轻重感有着广泛的应用。比如，冰箱是白色的，不仅让人感到清洁、美观，也让人感到轻巧些；保险柜、保险箱都漆成深绿色、深灰色，其质量与冰箱相差无几，但看上去很有安全感，因为感觉厚重得多。

(3) 色彩的兴奋与沉静感

色彩可以给人带来兴奋与沉静的感觉。明亮、艳丽、温暖的色彩能使人兴奋；深暗、混浊、寒冷的色彩，能使人安静。诸如红、黄等颜色，都能引起人们精神的振奋。逢年过节，我国往往以红色装扮，以营造喜庆的氛围。蓝、蓝绿等颜色让人感到安静，甚至让人感到有点寂寞，这种颜色就被称为“沉静色”。从色彩的明度上看，高明度色会产生兴奋感；中、低明度则有沉静感。纯度对兴奋与沉静的心理效应影响最显著，纯度越低，沉静感越强；反之，纯度越高，兴奋感越强。

(4) 色彩的华丽与朴实感

色彩可以给人带来华丽与质朴的感觉。通常，同一色相的色彩，纯度越高，色彩越华丽；纯度越低，色彩越朴实。

明度的变化也会产生这种感觉，明度高的色即使纯度较低也给人艳丽的感觉。所以，色彩的华丽、朴实与否，主要取决于色彩的纯度和明度。高纯度、高明度的色彩显得华丽。

在色彩组合上，色彩多且鲜艳、明亮则呈现华丽感，色彩少且混浊、深暗则呈质朴感。色彩的华丽和质朴与对比度之间也有关联，对比强烈的组合有华丽感，对比弱的组合有质朴感。因此，色彩的华丽与朴实取决于对比。此外，色彩的华丽与质朴与心理因素相关，华丽的色彩一般和动态、快活的感情关系密切，朴实与静态的抑郁感情有着紧密的联系。

2. 色彩联想

色彩联想①受诸如个性、生活习惯、记忆、年龄、性别等多方面因素的影响。如中学生看到白色，容易联想到墙、白雪、白兔等；成年人可能会想到护士、白房子等。经过长期的分析与研究，我们对色彩的联想做出了总结，主要归纳为以下两个方面。

（1）具体联想

所谓色彩的具体联想，是指由看到的色彩联想到具体的事物。日本色彩学家冢田氏用83种颜色的色纸，对不同年龄、不同性别的人进行调查，调查结果如表3－1－1所示。

表3－1－1　男女小学生、青年对色彩的具体联想

	小学生		青年	
	男	女	男	女
白	雪、白纸	雪、白兔	雪、白云	雪、砂糖
灰	鼠、灰	鼠、阴暗的天空	灰、混凝土	阴暗的天空、秋空
黑	夜、炭	头发、炭	夜、洋伞	墨、西服
红	苹果、太阳	洋服、郁金香	血、红旗	口红、红靴
橙	橘子、柿子	橘子、胡萝卜	橘橙、果汁	橘子、砖
褐	土、树干	土、巧克力	土、皮箱	靴子、栗子
黄	向日葵、香蕉	菜花、蒲公英	月亮、鸡雏	月亮、柠檬
绿	山、树叶	草、草坪	蚊帐、树叶	草、毛衣
青	大海、天空	天空、水	大海、秋天的天空	大海、湖水
紫	葡萄、紫菜	葡萄、桔梗	礼服、裙子	茄子、紫藤

（2）抽象联想

所谓色彩的抽象联想，是指由看到的色彩直接联想到某种抽象的概念。通常，儿童多产生具体联想，成年人多产生抽象联想。显而易见，人

① 所谓色彩联想，是指，当人们看到色彩时，总是回忆起某些与此色彩相关的事物，因而产生一连串观念和情绪的变化。

对色彩的认识随着年龄、智力、经历的增长而发展。

3. 色彩的象征

所谓色彩的象征性，是指以高度的概括性和表现力来表现色彩的思想和感情色彩，是一种思维方式。各个民族、各个国家由于环境、文化、传统、宗教等因素的不同，其色彩的象征性也存在着较大的差异。充分运用色彩的象征意义，可以使所设计的纺织品具有深刻的艺术内涵，使其文化品位得到极大提升。

以红色为例，我国逢年过节就张灯结彩，红旗飘扬，呈现一派欢庆热闹的气象。我国民间婚庆喜事都用红色；现代举行婚礼，新郎、新娘都要胸前别一朵红花，穿红色的服饰。此外，中国人以“红双喜”作为婚礼的传统象征。

在中国的封建社会，服装色彩是等级差别的象征和标志。黄色和紫色最为尊贵，是高贵、尊严的象征。如故宫称为紫禁城，帝王以黄色作为皇权的象征。

在许多国家，人们认为红、黄、黑带有消极意义。委内瑞拉对色彩的感情是很浓厚的，并且已介入了社会的政治生活。如红、白、绿、茶、黑曾分别代表这个国家的五大政党，政治气氛很浓，一般避免使用。丹麦人认为红、白、蓝是积极色调。罗马尼亚人将红色视为爱情。挪威人十分喜爱鲜明的色彩，特别是红、蓝、绿三色。而美国有些地方的人们不喜欢红色，因为它在商业领域有赤字的含义。

在欧洲，人们对色彩具有浓厚的感情，习惯于用不同颜色表示不同日期。比如，星期日为黄色或金黄色，星期一为白色或银色，星期二为红色，星期三为绿色，星期四为紫色，星期五为青色，星期六为黑色。

总之，色彩的象征意义十分重要。因此，我们在进行环境艺术设计时，要充分考虑这方面的内容。

（五）环境的色彩匹配

色彩的匹配就是两种以上的颜色在环境中以各自的位置、色调面积进行组合安排，使它们之间保持协调。协调即配色让人感到舒服，是通过对比变化中求统一而得的。从大体上来讲，色彩配色的协调分为两种。如图3－1－29所示。

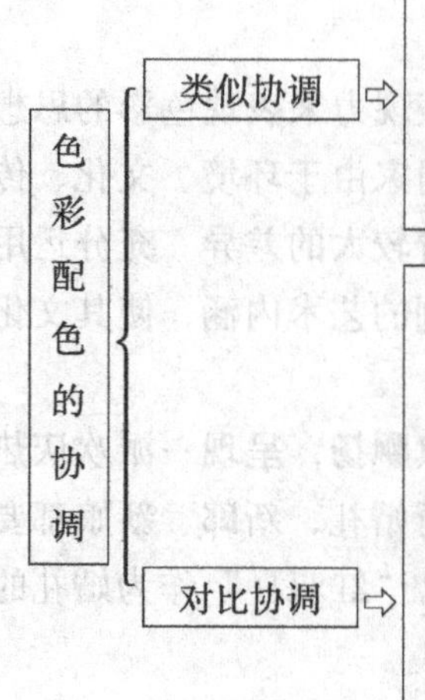

类似协调是在统一的前提下求变化，如采用红色为主调时，与相邻的紫色匹配则协调，同时两种色彩还有着一定的对比。类似协调中还包括同一协调，比如利用不同的黄色组成的协调。

对比协调是在变化中求统一，即将变化放在首位，如采用不同的色相红与绿的对比，在使用这种对比时一定要保持一种色彩始终占据支配地位（这种支配地位与色相、明度、纯度、色彩面积有关），这样才能使其他颜色衬托主体对象，不会引起“乱调”，从而获得变化中的协调效果。这种对比协调又可细分为三种，即秩序对比（又称几何对比，指在色环上构成一定几何关系的几种色彩组成的对比）、互补对比（指在色系中，对应的处于补色关系的色彩构成的对比协调）与无彩对比（指运用黑、白、灰组成的无彩系对比）。

图 3-1-29 色彩配色的协调

对于设计者而言，环境色彩设计的难度较大。其原因在于，在设计的过程中会受到许多限制，不仅要遵循一般的色彩对比与协调的原则，还要综合考虑具体位置、环境要求、功能目的、地方特色、服务对象的具体意愿等因素，并尽可能利用材料本身的色彩、质感和光影效果，丰富和加强色彩的表现力，更好地传达色彩信息与意义。所以每位环境艺术设计者在进行环境色彩匹配的设计时应该注意色彩的共性、主从性、显明性，此外，还要对风俗习惯多加考虑。

第二节 材质与光影

一、材质

在环境艺术设计中，材质是一个重要的表现性形态要素。人们在和环境的接触中，肌理起到给人各种心理上和精神上引导和暗示的作用。通常情况下，它常用来形容物体表面的粗糙与平滑程度。此外，它还可用来形容物体特殊表面的品质，诸如石材的粗糙面、木材的纹理以及纺织品的编织纹路，等等。

经过长期的分析与研究，我们对材质的特性做出了总结，主要归纳为以下五个方面。

（1）大体来讲，质地又分为触觉质感与视觉质感两种基本类型。触觉质感是真实的，在触摸时可以感觉出来。视觉质感是眼睛看到的，所有触觉质感也均给人以视觉质感。一方面视觉质感可能是真实的，另一方面视觉质感可能是一种错觉（图3－2－1）。

（2）材质包括两大类，即天然材质与人工材质。天然材质包括石材、木材、天然纤维材料，等等；人工材质包括金属、玻璃、石膏、水泥、塑料，等等。

（3）材质不仅给我们肌理上的美感，还在空间上得以运用，能营造出空间的伸缩、扩展的心理感受，并能配合创作的意图，营造某种主题。质地是材料的一种固有本性，我们可用它来点缀、装修，并给空间赋予含义。

（4）尺度大小、视距远近和光照，都会影响我们对质地的感受。所有材料都具有质感，而质地的肌理越细，其表面呈现的效果就越平滑光洁，甚至粗劣的质地从远处来看，也会呈现某种相对平整的效果（图3－2－2）。

图3－2－1　视觉质感的表现

图3－2－2　远近、光照对材质效果的影响

（5）光照会对人们对质地的感受产生很大的影响，反过来，光线也受到它所照亮的质地的影响。当直射光斜射到有实在质地的表面上时，会提高它的视觉质感。漫射光线则会减弱这种实在的质地感，甚至会模糊掉它的三维结构。

需要特别指出的一点是，设计者要根据表现的需要来选择不同质感的材料，切忌一味地追求精细与“豪华”。其原因在于，大多数情况下，只有做到“高材精用，低材广用”，才能达到较好的效果。

二、光影

环境艺术设计中的形体、色彩、质感表现，都与光的作用有关。光自身也具有装饰作用。下面，我们主要围绕美学意义上的光进行具体阐述。

大体来讲，环境中的光可以分为两大类，即自然光与人工光。自然光主要指太阳光源直接照射或经过反射、折射、漫反射而得到的。太阳是取之不尽的源泉，它照亮了世界，照亮了环境的形体和空间。随着时间的推移与季节的变化，日光又将变化的天空色彩，云层和气候传送到它所照亮的表面和形体上去，进一步形成生动明亮的物体形象。阳光通过我们在墙面设置的窗户或者屋顶的天窗进入室内，投落在房间的表面，使色彩增辉、质感明朗，使得我们可以清楚明确地识别物体的形状和色彩。由于太阳朝升夕落而产生的光影变化，又使房间内的空间活跃且富于变化。阳光是最直接、最方便的光源，它随时间不同而变化很大，强烈而有生气，常常可以使空间构成明晰清楚，环境感觉也比较明朗而有气魄。对于人类活动而言，自然的阳光是最适合的光线，而且人眼对日光的适应性也最好，对人们的身心健康会起到助益作用。当然，这是在日照正常的前提下，如果日照过量，就会产生负面作用，如灼伤皮肤、产生眩光，等等。

由于人们不可能完全地、无限制地利用太阳光，所以在太阳落山或遇到恶劣天气时，应运用人工方法来获得光明。在获得光明的过程中，先辈做出的努力，要远比直接摄取太阳光付出的代价大得多。从自然中采取火种，到钻木取火、发明火石和火柴，直到获得电源，这段历程可谓漫长而曲折。最终，电灯给人类带来了持久稳定的光明，并使得今天的人类一刻也离不开电源。随着社会的发展，科技的不断进步，人工光源在如今已种类繁多，且愈发先进。人工光源可产生极为丰富的层次和变化，能够产生不同效果。

人工采光要求适当照度[①]。设计者在这一方面要注意以下问题：

（1）光的分布。

（2）光的方向性与扩展性。

（3）避免炫光现象。

（4）光色效果及心理反应。

照明，是光在环境艺术设计中最基本的作用。适度的光照是人们进行正常工作、学习和生活所必不可少的条件，所以设计者应充分考虑自然采光与人工照明。环境场所必须根据具体情况维持适当的亮度，如合理的窗口、位置与面积，窗子采用透光系数多大的材料，以及内壁采用反光系数多大的材料，光源的数量和种类等。正是光的存在才使我们的眼睛看到对象的形状、大小、轮廓，材料的质感、肌理、色彩、相互关系以及位置等等。光的照明有助于我们观察与认识空间环境。光的千变万化效果取决于很多因素，如物体表面的不同质感的材料、物体的不同色彩、物体离光源的远近关系，等等。

通常情况下，人的视觉对较亮的物体更加敏感。所以，设计中常常将视觉重点用较强的光来照射，使其更加突出、醒目。比如，火车站内的车况显示屏，本身的颜色要突出，背景应以暗色为主，且不给予强的灯光，使人在较为拥挤的环境中很容易注意到它（图3－2－3）；在公共环境中，亮部指示由于吸引人的视线，造成一种自然、有效的导向作用。

图3－2－3　火车站内的车况显示屏

① 所谓适当照度，即根据不同时间、地点，不同的活动性质及环境视觉条件，确定照度标准。这些照度标准，是长期实践和实验得到的科学数据。

在环境中，照明的方式有许多，大致分为三种，如图3－2－4所示。

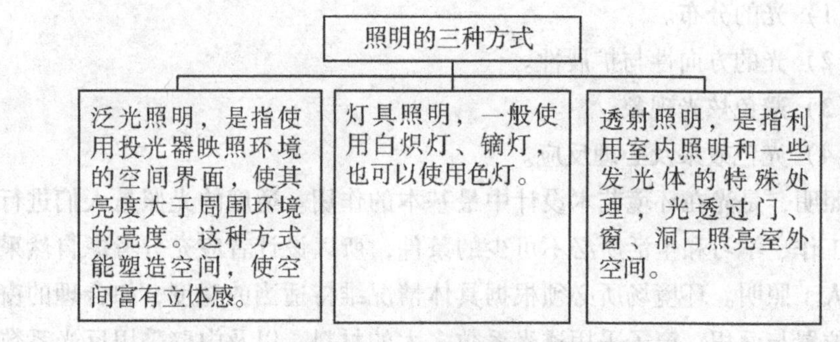

图3－2－4　照明的三种方式

对于设计者而言，在进行光的设计过程中，应考虑一些因素，主要体现在五个方面，如图3－2－5所示。

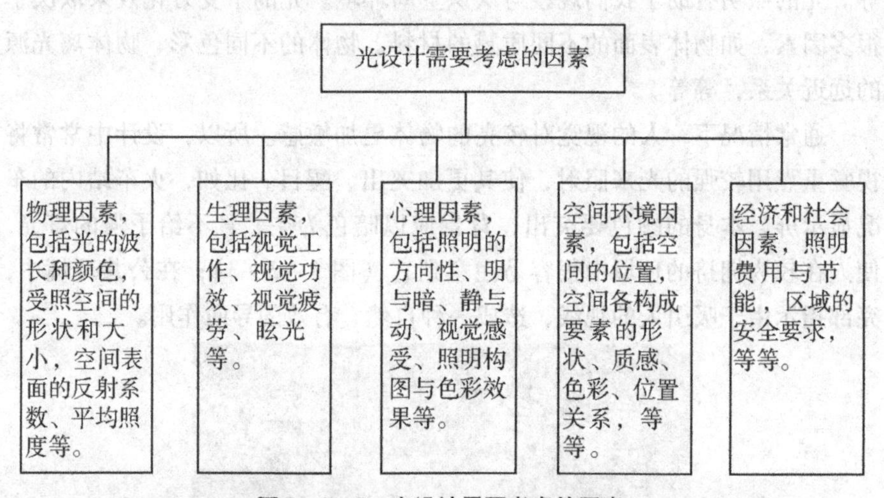

图3－2－5　光设计需要考虑的因素

此外，光色还是重要的照明与造型手段，主要分为以下两种。

（1）暖色光。在展示窗和商业照明中常采用暖光型与日光型结合的照明形式，餐饮空间多以暖光为主，因为暖色光能刺激人的食欲，并使食物的颜色显得好看，使室内气氛显得温暖；住宅多为暖光与日光型结合照明。

（2）冷色光。由于使用寿命较长，体积又小，光通量大，易控制配光，所以常作为大面积照明方式。但需要注意的是，若要使冷色光达到预期的效果，必须与暖色光结合使用。

环境实体所产生的庄重感、典雅感、雕塑感，使人们注意到光影效果的重要。环境中实体部件的立体感、相互的空间关系是由其整体形状、造型特点、表面质感与肌理决定的，显然，光的参与促进了这些的实现；否则，这些都无法很好地实现。在室内环境中，有些节点细部、家具、陈设、饰物特别是装饰艺术品如雕塑、壁挂，在比较重要的视觉位置上，更需要用适当的光的渲染来表现，使其特色、美感得以增强（图3－2－6）。

图3－2－6　室内设计中的光影效果

材料的质感与肌理表现，同样离不开光的参与。比如，优秀的雕塑家在创作雕塑作品时，都会考虑到在光的影响下的质感表现，而且常常还运用对光的反射程度迥异的不同材料组合来形成动人的强烈的质感对比。另外，在我们欣赏木雕、陶艺作品时，如果光没有被应用好，那么作品的美感会削弱许多；反之，如果应用得极佳，效果会令人惊叹。

除了以上作用以外，光还有一个作用——自身的装饰作用。光影本身的造型效果，往往是与实体共同作用的。在日本建筑师安藤忠雄等人的作品中，一个普通的排列结构在阳光的照耀下，显得格外立体，产生了明暗变化，无疑达到了很好的视觉效果。

在烘托环境气氛方面，光也能起到很好的作用。光的这种作用犹如绘画与摄影中画面的调子，特别是在决定感情基调方面。例如在室内环境中，往往在暗的大片底色背景中用局部响亮的强光照在精致的形上，所表达的这种感觉，类似油画创作中的“低长调”、美术馆、音乐厅、剧院、夜色中的广场、公园常用此手法。另一方面，光线也可以以“亮”的主调表达，配合缤纷的色彩，如儿童乐园、星级酒店，等等。

环境气氛的创造离不开光与色的综合作用。实际上，光源色是一种重要的环境色。自然光的色彩倾向在一天中总是随着日照而变化，清晨偏暖呈桔色倾向，傍晚偏冷呈微紫倾向，这期间则呈中性。但微小的变化每时每刻都在进行，还受到晴天、阴天、云彩等因素的影响。不同种类的灯光也有不同的色彩倾向，如常见的白炽灯偏黄偏暖，荧光灯偏蓝偏冷，霓虹灯更是五光十色。在环境中，一定的色光可形成一种主调，使室内物体的色彩更加和谐。色彩倾向明显的光甚至可以完全改变环境的色彩，舞台灯光就是一个很好的例子（图 3－2－7）。

图 3－2－7　舞台灯光

在城市灯光环境艺术设计中，光的照明、造型、装饰作用得到了集中体现。构成灯光辉煌的环境除了建筑物的灯光外，就是街道和广场的室外人工光源。街道的照明首先是满足行人使用上的要求，同时也与店面、广告牌的照明协调好，赋予其视觉审美性。广场的光设计，应根据其大小、形状、内环境、周围环境确定其方式，在环境气氛上注意景观的主次，同时考虑周围建筑物的光效，避免眩光。公园的照明应根据各景点的功能确定光的设计，可以浓密的树木作为背景来表现小品、雕塑、纪念碑的轮廓、明暗和韵律。公园灯具的形式应配合绿化环境的设计。在进行绿地与水面的光设计时，应保证夜间绿地的外观翠绿、鲜艳、清新并注意与灯光的色彩相结合；绿地的照明灯宜用汞灯、荧光灯等。表现树木时，应采用低置灯光与远处的灯光相结合；水面包括水池、喷泉、瀑布等，常常在其周围设置合适角度的照明设施，灯光映在水面上，形成倒影，波光粼粼，使其梦幻效果得以凸显。

总之，环境艺术设计的基本要素是设计者在创作中的重要手段，设计者应对其有一个深入的认识，并加以灵活运用。只有做到这一点，才能设计出优秀的环境艺术作品。

第四章　环境艺术设计的程序与方法

众所周知，环境艺术设计是按照一定的程序与方法进行的。本章主要围绕环境艺术设计的程序与方法进行具体阐述。

第一节　环境艺术设计的程序

在环境艺术设计中，自然少不了设计程序①。其原因在于，科学有效的工作方法可以使复杂的问题变得易于控制和管理，环境艺术设计工作也不例外。由于环境艺术设计涉及内容的多样性而导致其步骤烦琐、冗长而复杂，故以合理的、有秩序的工作程序为框架来开展工作是设计成功的前提条件，也是在有限时间内提高设计工作效率的重要保障。

从大体上来讲，环境艺术设计的程序主要包括六个阶段。

一、设计前期阶段

设计前期阶段（又称设计准备阶段），是环境艺术设计程序的第一个阶段。经过长期的分析与研究，我们对其内容做出了总结，主要归纳为以下五个方面。

（1）与业主的广泛交流，了解业主的总体设想。

（2）接受委托，根据设计任务书及有关国家政策、法规或文件签订设计合同，或者根据标书要求参加投标。

（3）明确设计期限和制定设计计划进度，并考虑安排各有关工种的配合与协调：明确设计任务和要求，如室内设计任务的使用性质、功能特

---

① 所谓设计程序，是指在解决实际设计问题的工作中，按时间的先后顺序依次安排设计步骤的方法。它是设计人员在长期的设计实践中发展而总结出来的，它是一种有目的的自觉行为，是对既有经验的规律性的总结，其内容会随设计活动的发展与成熟而不断更新。

点、设计规模、等级标准、总造价等。

(4) 根据任务使用性质的要求而需要创造的室内环境氛围、文化内涵或艺术风格等。

(5) 任何工程设计都存在着相应的规范和标准，而这些规范和标准也应是环境艺术设计前期准备阶段的重要组成部分，具体来讲应对与工程设计有关的定额标准和规范进行进一步的详细的把握，对必要的信息和资料进行收集和分析，具体应包括对现场的调查勘探，对同类设计实例的参观研究等。

(6) 在最后制定并要交付投标文件或最终签订合同时，还要考虑到国家设计费率的执行标准、地区费率的执行标准，即设计单位收取业主设计费占工程总投入资金的百分比等文件资料，此外还有设计进度的安排也应考虑到。

二、方案设计阶段

完成了第一阶段之后，设计者需进一步收集、分析、研究设计要求及相关资料；进一步与业主进行沟通交流、反复构思和进行多方案比较，最后完成方案设计。通常，设计师需提供的方案设计文件有彩色效果图、设计说明、平面图、顶面图、立面图、剖面图、工程造价预算、特殊结构要求的大样图及个别装饰材料实样，等等。

三、扩初设计阶段

对于环境艺术设计牵涉的其他专业工种所需的技术配合在相对比较简单的情况下，或是因为设计项目的规模较小，在进行方案设计时就能够直接达到较深的设计深度。此时，方案设计被相关部门审批通过后，就可进行施工图设计，而不用进行扩初设计。但是，如果工程项目比较复杂，而技术要求又较高时，则需进行扩初设计，即对方案做进一步深化，保证其可行性；同时，对造价进行概算。完成这些工作后，再将其送交相关部门审批。

四、施工图设计阶段

这一阶段十分重要，这是因为成功的施工图设计能够保证工程的顺利实现。因此，在这一阶段，设计者必须做到与其他各专业工种进行协调，综合解决各种技术问题。施工图设计文件应较方案设计更为缜密和详细，需要时还需进一步补充施工所必要的有关平面布置、节点详图和细部大样图。这样一来，便能够向材料商和承包商提供正确信息，并且编制有关施工说明和造价预算，等等。

五、设计实施阶段

设计施工图之后，项目开始施工。虽然如此，但是设计师不应忽视工程实施过程中产生的问题，否则将难以达到预期的设计效果。大体来讲，设计者在这一阶段的工作应以施工进程为依据划分为以下五个方面，具体如图 4－1－1 所示。

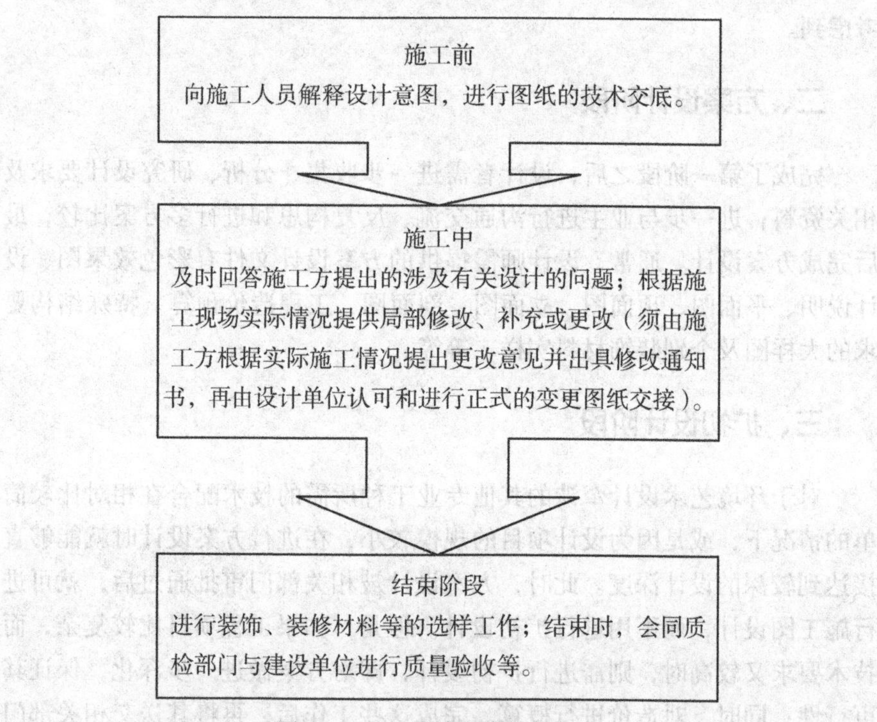

图 4－1－1　设计实施阶段工作

六、设计评估阶段

设计评估阶段是在工程交付使用的合理时间内，由用户配合对工程通过问卷或口头表达等方式进行的连续评估，以了解工程是否达到预期设计效果，以及用户对该工程的满意程度。由此可见，设计评估是针对工程进行的总结评价。如今，这一阶段越来越受到设计者的重视。其原因在于，很多设计方面的问题都是在工程投入使用后发现的。该过程有利于用户和工程本身，除此之外，还对设计者的经验积累与工作方法的改进起到助益作用。

我们都清楚，环境艺术设计须经过一系列艰苦的脑力分析和创作思考过程。其间，设计者需要充分考虑所有因素，而任务分析则是进行设计的初始步骤。它包括对项目设计的要求和环境条件的分析，对相关设计资料的搜集与调研，等等。

第二节　环境艺术设计的方法

在上文中，我们对环境艺术设计的程序做出了一番探讨，想必每位读者对这部分内容已经有了更加深入的认识。下面，我们主要围绕环境艺术设计的方法进行具体阐述，内容包括任务分析、方案的构思与深入、模型制作。

一、任务分析

对设计任务进行分析，是环境艺术设计的第一步。如果没有真正理解任务，那么后面的步骤就不存在任何意义了。

（一）对设计要求的分析

1. 项目使用者、开发者的信息

（1）使用者的功能需求

分析使用人群功能需求的重点是对该人群进行合理定位，了解设计项目中使用人群的行为特点、活动方式以及对空间的功能需求，并由此决定环境设计中应具备哪些空间功能，以及这些空间功能在设计方面的具体要求。下面，我们举两个不同类型的校园设计的例子对其进行说明。

①中小学校园环境设计，以中小学生及教师为服务对象。他们需要道路、绿地学生运动、劳动所需的各类场地，以及无障碍设施。

②大学校园环境设计，其主要服务对象是大学生及教师。与中小学相比，其规模较大，往往包括教学区、文体区、学生生活区、科研区等部

分，其功能与中小学不同。

综上所述，对使用人群功能需求的分析十分重要，这需要设计者在设计之前多加考虑。

（2）使用者的经济、文化特征

分析经济与文化层面[①]的原因在于，环境艺术设计还应满足人们的精神需求。如一个时尚驿站式酒店，其消费人群主要是都市中的年轻人士，他们具有时尚、前卫的特征，所以为这类人群设计酒店环境应当充分考虑住宿的舒适、便捷，注重设计元素的时尚感和潮流性，以及时尚氛围的渲染。

（3）使用者的审美取向

使用人群的审美[②]取向，也是需要设计者重点把握的内容。在进行审美取向的分析过程中，应当以视觉感受为主，具体应考虑到以下方面。

①对空间的具体划分布局；

②与光线相关的美学问题，如光环境是怎样的，灯具需要怎样的造型；

③与家具有关的问题，如室内的家具是怎样的造型、选择什么样的色彩及材质；

④室内在总体上的陈设风格及色调。

对使用人群审美取向的研究可以满足目标客户的需要，使其对设计的满意度大大提高，如官员眼中的“得体”、艺术家个性“张扬”、商人追求的“阔气”等，不同人群有着不同的对美的认知和理解，而对其有一个很好的把握可以更好地把握其审美需求，而这种理解和把握也并非设计师茫无目的的迎合，而是以其为依据设计出符合其审美要求的设计决策。

（4）与客户进行良好、有效的沟通

与客户进行沟通，对于设计者而言十分重要。在沟通与交流的过程中，客户会表达出自己的想法与喜好。这样一来，设计者就能更加了解客户的信息，有利于后续的工作。

环境艺术设计不仅仅是多学科的交叉，还具有非常鲜明的商业特性，

---

① 经济与文化层面的分析，是指对一个空间未来所服务人群的消费水平、文化水平、社会地位、心理特征等的分析。

② 审美是一种主观的心理活动过程，是人们根据自身对某事物的要求所做出的看法，它受所处的时代背景、生活环境、教育程度、个人修养等诸多因素的影响。

如对店面、餐厅、酒店等展开的设计，常常被称为“商业美术”（图4－2－1）。其商业性主要表现在两个方面，如图4－2－2所示。

图4－2－1　商业门面设计

“商业美术”的商业性表现	
	对于设计者而言，这种商业性就是获取项目的设计权，用知识和智慧获取利润。
	对于开发商而言，则是通过环境设计达到他们的商业目的——打造一个适合于项目市场定位和满足目标客户需求的环境空间，使客户置身其间，能体验到物质、精神方面的双重满足感，从而为这种环境消费，并使商家从中获利。因此，与开发商的良好沟通，有利于设计者充分了解项目的真实需求，准确定位开发商的意图，以及客户心中对项目未来环境的假想。这样一来，便能够创造出优秀的环境艺术作品。

图4－2－2　“商业美术”的商业性表现

（5）客户的需求和品味

在项目设计过程中，在与客户进入了深入和全面的沟通后，设计者应对在沟通中所获得的相关资料进行详细而客观的分析，具体来讲大致包括以下两方面内容。

①分析开发商的需求。在分析开发商的需求时，应注意两个方面的内容，如图4－2－3所示。

分析开发商需求时的注意事项	通过沟通，分析出开发商对该项目的商业定位、市场方向、投资计划、经营周期、利润预期等商业运作方面的需求。例如，同样是餐饮业，豪华酒店、精致快餐、异国风味、时尚小店、大众饭店等均是餐饮业的表现形式，但一旦投资者确定了一种定位和经营方式，那么无论从管理模式、商品价位、进货渠道、环境设计等任何一个方面都须符合其定位。这时，设计师需要更多地从商业角度去分析并体会投资者的这种需求，从而制定出设计策略，考虑在设计中将如何运用与之相适应的餐饮环境的设计语言，最终创造出较为理想的环境。
	通过沟通，分析投资者对项目环境设计的整体思路和对室内外环境设计的预想。此时，设计师将以“专家”的身份提出可行性的设计方案，该设计方案需要兼顾项目的商业定位和室内外环境设计的合理性及艺术性原则，还需要考虑到投资人对项目环境的期望，包括对项目设计风格、设计材料、设计造价的需求。

图4-2-3　分析开发商需求时的注意事项

②分析开发商的需求品味。如今，每个行业都热衷于提及“品味”一词，故而它已成为一种潮流。而品味多与一个人的内在气质有着极其密切的关系，从某种角度来讲，品味也是一个人内在道德修养的外在体现。

在对开发商品味进行分析时，要注意不能仅仅是单单对其“本人”进行分析、调查，否则会过于片面，还应当通过沟通来感受投资者乃至整个团队的品位，从而对其在设计项目上的欣赏水平有一个很好的判断和把握。这还不是最终的目的，设计师在对开发商的欣赏品味有一个把握之后，还要对业主的环境期望有一个很好的分析。这就要求设计者对整个项目的定位与开发商的主观意识之间有一个必要的协调，尤其是当开发商或投资者主观意识与整个项目定位相偏离时，最终保证以自己的专业设计技术来实现更高的环境艺术设计标准。

在整个调研过程中，设计者一方面要考虑投资者的要求，尽最大的努力满足其对项目环境的设计要求，另一方面还应该有一个积极的态度去对待，要对最终设计实施的可行性与可能达到的效果进行科学而客观的分析。当投资者的意愿与设计效果的最终实现出现矛盾时，设计者应当首先对投资者的意见和建议给予充分的尊重，然后以适当的方式提出合理化建议。

2. 设计任务书

在环境艺术设计过程中，功能方面的要求在设计任务书中扮演着指导性的作用，通常而言包括图纸和文字叙述两个方面。设计任务书在详尽程度方面要以具体的设计项目为依据，但无论是室内还是室外的环境艺术设计，任务书所提出的要求都应包括两方面的内容，如图 4-2-4 所示。

任务书提出的要求的两大内容		
	功能需求	功能需求包括许多内容，如功能的组成、设施要求、空间尺度、环境要求，等等。在设计工作中，除遵循设计任务书的要求外，还一定要结合使用者的功能需求综合进行分析；另外，这些要求也不是固定不变的，它会受社会各方面因素的影响而产生变动。例如，在室内设计中，当按以往的标准设计主卧时，开间至少达到 3.9m，才能既满族内部设施的要求，又能达到舒适度的要求；但伴随着科技的发展，壁挂式电视走入千家万户，电视柜已无用武之地，其以往所占的空间就得以释放，此时 3.6m 开间的设计能足以达到舒适度的标准，而节约下来的不仅仅是 0.3m 的空间。
	类型与风格	不同类型或风格的环境设计，具有不同的特点。如纪念性广场，需让人感受到它的庄严、高大、凝重，为瞻仰活动提供良好的环境氛围。而当人们在节假日到商业街休闲购物时，这里的街道环境气氛就应是活泼、开朗的，并能使人们感到放松，施放工作、生活上的压力，以获得轻松、愉悦的感受。这时环境设计可以考虑自由、舒畅的布局，强烈、明快的色彩，醒目、夸张的造型，使置身其中的购物者深受感染。由此可见，设计者应紧紧围绕环境的特征来进行环境艺术设计。

图 4-2-4 任务书提出的要求的两大内容

（二）环境设计条件分析

环境艺术项目设计之初，需要对室内外环境进行诸多的实地分析和调研。下面，我们主要围绕这部分内容进行具体阐述。

1. 室内设计条件分析

实际上，室内环境设计往往受制于诸如房间的朝向、采光、污染源等各种条件。由此，在设计时应当对这些条件进行充分的分析，进行有的放矢的处理；此外，建筑条件也是室内环境艺术设计的重要影响因素，设计师必须分析建筑原始图纸，具体来讲其内容体现在五个方面，如图4－2－5所示。

对建筑原始图纸的分析

- 分析建筑功能布局。建筑设计尽管在功能设计上做了大量的研究工作，确定了功能布局方式，但依旧会存在不妥的地方，这是无法避免的。设计师要从生活细节出发，通过建筑图进一步分析建筑功能布局是否合理，以便在后续的设计中改进和完善。显而易见，这是对建筑设计的反作用，同时也是一种互动的设计过程。
- 分析室内空间特征。即分析室内空间是围合还是流通，是封闭还是通透，是舒展还是压抑，是开阔还是狭小等室内空间的特征。
- 分析建筑结构形式。众所周知，室内环境设计是基于建筑设计基础上的二次设计。在设计工作的过程中，有时由于业主对使用功能的特殊要求，需要变更土建形成的原始格局和对建筑的结构体系进行变动；此时，需要设计师对需调整部分进行分析，在保证建筑结构安全的前提下适当地进行调整。显然，这是为了保证安全必须进行的分析工作。
- 分析交通体系设置特点。即分析室内走廊及楼梯、电梯、自动扶梯等垂直交通联系空间在建筑平面中是怎样布局的，它们怎样将室内空间分隔，又怎样使流线联系起来的。
- 分析后勤用房、设备、管线。即分析建筑物内一些能产生气味、噪声、烟尘的房间对使用空间所带来的影响程度，以及怎样把这些不利影响减少到最低限度。还要阅读其他相关的工程图纸，从中分析管线在室内的走向和标高，以便在设计时采取对策。

图4－2－5　对建筑原始图纸的分析

通过分析上述五个方面的内容，我们不难看出，阶段的条件分析应该是全方位的，凡是从图中可以看出的问题都应该加以分析考虑。分析能力也是衡量设计师业务素质的重要评价标准之一。在这里，需要特别强调的一点是，有时由于实际施工情况和建筑图纸资料之间存在误差，或者是由于建筑图纸资料缺失，那么这就需要设计师到实地调研，深入地分析建筑条件的现状。

2. 室外设计条件分析

自然因素；人文因素；经济、资源因素；建成环境因素；是在室外设计条件的分析过程中的四大内容。

（1）自然因素

每一个具体的环境艺术设计项目都有其特定的所在地，而每一个地方都有其特有的自然环境。在一个设计开始进行时，需要对项目所在场地及所处的更大区域范围进行自然因素的分析。例如，当地的气候特点，包括日照、气温、主导风向、降水情况等，基地的地形、坡度、原有植被、周边是否有山、水自然地貌特征等，这些自然因素都会对设计产生有利或不利的影响，也都有可能成为设计灵感的来源。

（2）人文因素

任何城市都有属于自己的历史与文化，形成了不同的民风民俗。所以，在设计具体方案之前，设计者必须对所在地的人文因素进行调查与深入分析，并从其中提炼出对设计有用的元素。

以上海“新天地”为例。该商业街是以上海近代建筑的标志之一——石库门居住区为基础改造而成的集餐饮、购物、娱乐等功能于一身的国际化休闲、文化、娱乐中心。石库门建筑是中西合璧的产物，更是上海历史文化的浓缩反映。新天地的设计理念正是从保护和延续城市文脉的角度出发，大胆改变石库门建筑的居住功能，赋予它新的商业经营价值，把百年的石库门旧城区，改造成一片充满生命力的新天地（图 4-2-6、图 4-2-7）。而这一理念迎合了现代都市人群对城市历史的追溯和对时尚生活的推崇。在环境艺术设计的具体实施上，新天地保留了建筑群外立面的砖墙、屋瓦，而每座建筑的内部，则按照 21 世纪现代都市人的生活方式、生活节奏、情感世界度身定做，无一不体现出现代休闲生活的气氛。漫步其中，仿佛时光倒流，有如置身于 20 世纪二三十年代的上海，但跨进每个建筑内部，则非常现代和时尚；每个人都能体会新天地独特的魅力：继承与开发同步，传统与现代同步，也都能从中感受到其独特的文化韵味。

(a)

(b)

图 4-2-6　上海“新天地”改造前

(a)

(b)

图 4-2-7　上海“新天地”改造后

(3) 经济、资源因素

经济增长的情况、经济增长模式、商业发展方向、总体收入水平、商业消费能力、资源的种类、特点以及相关基础设施建设的情况等，是分析项目周边经济、资源的主要因素。

(4) 建成环境因素

建成环境因素是指项目周边的道路、交通情况、公共设施的类型和分布状况、基地内和周边建筑物的性质、体量、层数、造型风格等，还有基地周边的人文景观等。设计者可以通过现场踏勘、数据采集、文献调研等手段获得上述相关信息，然后进行归类总结。这一步骤十分重要，必须认真进行。

而建成环境的分析主要是指对原建筑物现状条件的分析，包括建筑物的面积、结构类型、层高、空间划分的方式、门窗楼梯及出入口的位置、设备管道的分布等。显然，应深入地分析原环境，因为只有这样才能少走弯路，使方案的可实施性得到提高。

二、资料的搜集与调研

在分析环境设计条件之后，该进入资料的搜集与调研阶段了。这一阶段的工作主要分为以下两部分内容。

1. 现场资料的收集

虽然随着现代地理信息技术的不断进步，人们坐在自己的办公室就可以对远在千里之外的建筑场地特征在不同的角度和层面上进行分析；仅仅凭借建筑图纸就可以建立起室内的空间框架和基本形态，然而，设计师对场地的体验和场地氛围的感悟则必须要通过实地考察来实现，而设计师这种设计前的场地体验和感悟是任何的现代科技手段所无法达成的。

在对场地进行考察的过程中，设计师能够对场地的每一个细节用眼睛去观察，用耳朵去聆听，用心灵去细细地体会，搜集各种有价值的信息，而收集到的这种种信息都有可能对项目产生影响，或可能成为设计的亮点，或可能成为设计的切入点。由此可见，只有通过实地的勘察，才能获得第一手资料。

现场资料收集的方法主要有两个。

（1）场地调查

场地调查包括室内调查与室外基地调查。

室内调查内容包括：量房、统计场地内所有建筑构建的确切尺寸及现有功能布局，查看房间朝向、景象、风向、日照、外界噪声源、污染源等。

室外基地现状包括收集与基地有关的技术资料进行实地踏勘、测量两部分工作。有些技术资料可从有关部门查询得到，对查询不到但又是设计所必需的资料，应通过实地调查、勘测得到。基地条件调查的内容主要有五个方面，如图4－2－8所示。

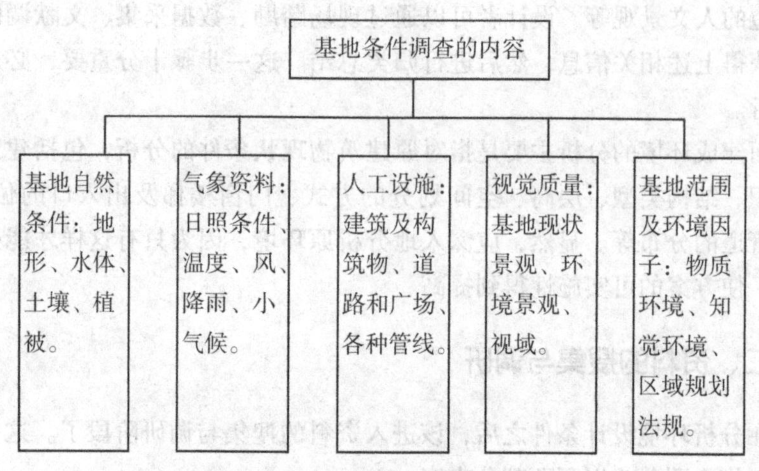

图4－2－8　基地条件调查的内容

在这里，需要特别指出的一点是，基地条件调查应根据基地的规模、内外环境和使用目的分清主次，主要的应做深入详尽地调查，次要的可简要地了解。

（2）实例调研

在获取和积累知识的过程中，查询和搜集资料是必不可少而又有效的途径，而实地的调研也能够得到实际的设计效果体验。可以通过对同类项目室内外环境设计的调研分析获取相关信息，从中吸取经验教训，这对设计活动的顺利开展极为有益。具体如图4－2－9所示。

总之，实际设计者在调研过程中，应善于观察、细心琢磨、勤于记录。

2. 图片、文字资料的收集

实际上，如果环境艺术设计师想要使自己的设计作品更上一层楼，就应当对前人正反两方面的实践经验有所借鉴，对相关的规范制度进行了解和掌握，而不应当仅仅停留于对设计中功能与形式问题的探索解决阶段。

此外，还应注意在解决相关的实际问题过程中运用外围知识来对创作思路进行启迪，对实际问题进行很好的解决。这样可以避免在设计过程中走弯路、走回头路，实现对各类型环境的认识和熟悉。

准备工作

在实地调研之前应该做好前期准备工作，尽可能收集到这些项目的背景资料、图纸、相关文献等，初步了解这些项目的特点和成功所在，在此基础上进行实地考察才能真正有所收获。

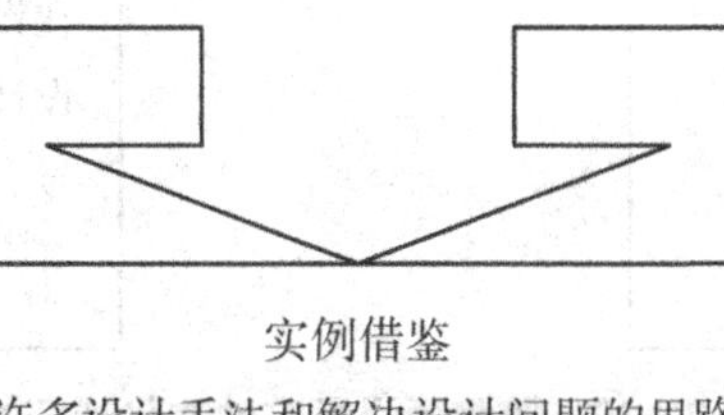

实例借鉴

实例的许多设计手法和解决设计问题的思路在设计者亲临实地调研时有可能引发创作灵感，在实际设计项目中可以借鉴发挥。实例中材料使用、构造设计等方面比教科书更直观、易懂。

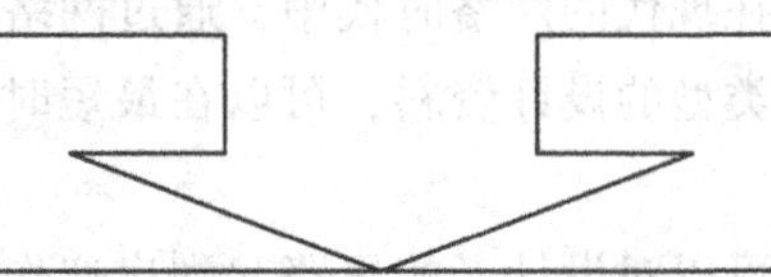

经过调研后，在把握空间尺度等许多设计要点上可以做到心中有数。

图 4－2－9　实例调研

大体来讲，相关资料的收集包括如下三个方面。

（1）收集设计法规和相关设计规范性资料

设计规范，是每一位设计者都必须遵守的。因此，设计者要首先查阅相关的设计规范，并在设计过程中严格遵守，否则就会产生违规现象，项目就无法实施。

（2）收集项目所在地的文化特征

收集文化特征图片、记录地区历史、人文的文字或图片，查阅地方志、人物志等，也是设计者必须做的一个重要工作。其原因在于两个方面，如图 4－2－10 所示。

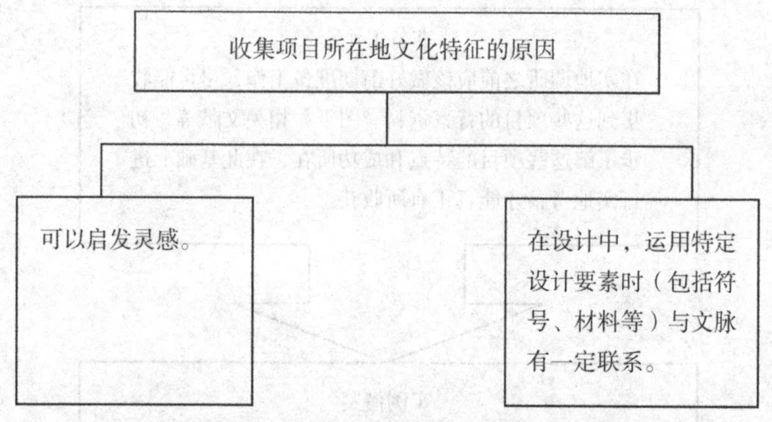

图 4－2－10　收集项目所在地文化特征的原因

(3) 收集优秀设计项目的资料

在前期准备阶段收集优秀设计项目的图片、文字等资料，可以为设计工作提供创作灵感。在现代的网络时代中，通过网络和书籍搜寻到全国各地、世界各地的相关类型的设计资料，可以在最短时间内领略到各国、各地的设计特色。

虽然资料的搜集可以对设计者的思路起到启迪作用，对设计者的设计起到借鉴作用，但是一定要避免先入为主，否则设计就会走向抄袭的道路。

三、设计方案的构思与深化

设计方案的构思与深入，是在任务分析之后需要做的工作。从大体上来讲，它包括以下四个方面的内容。

(一) 设计方案的思考方法

众所周知，世界上任何一个事物都不是完美的，环境艺术设计作品也不例外，即使是非常成功的作品也是经过不断推敲、完善才趋近完美的。在设计过程中进行思考，是为了解决一些问题。经过长期的分析与研究，我们对这些问题做出了总结，主要归纳为以下三个方面。

1. 整体与局部的关系

就整体与局部的关系而言，一般应该做到大处着眼、细处着手。整体是由若干个局部所组成的，在设计思考中，首先应全面地对整体设计任务进行构思与设想。然后深入调查、收集资料，从人体尺度、活动范围及流动线路等方面着手，进行反复的推敲，最终使局部与整体吻合，在设计过程中如果对局部或整体任何一部分有所忽略，那么最终都不会收到最好的设计效果。

2. 内与外的关系

室内环境的“内”包括与之相连接的其他室内环境，直至建筑室外环境的“外”。而这“内”与“外”之间是相互依存的密切关系。设计要从内到外、从外到内对其关系进行多次和反复的协调，使其更加完善合理。室内环境与建筑整体要协调统一。而在设计过程中，室内外的关系处理也是极其重要的一部分，在设计构思中要进行反复的协调，以至于达到最终的合理与完美，否则可能会造成内外环境的不协调，甚至是对立。

3. 立意与表达的关系

立意是一项设计的“灵魂”。只有具备明确的立意，才能更好地进行设计，从而设计出成功、优秀的作品。好的立意更需要完美的表达，而这不是能轻易做到的，设计师能力的强弱也能在这方面得到体现。

优秀的设计师在设计构思和意图的表达上能够做到正确、完整和极富表现力，使得落实建设者和方案的评审者能够通过相关的模型、图纸和说明资料等对设计者的设计意图有一个全面的了解。而在方案的投标竞争中，图纸的高质量是第一关。其原因在于，设计的方案、形象十分重要，而图纸表达则是设计者的语言，也是必须具备的最基本的能力，一个优秀设计的内涵和表达应该是统一的关系。

（二）设计方案的构思

设计方案的构思，是方案设计过程中的重要环节，是借助于形象思维的力量，在设计前期准备和项目分析阶段做好充分工作以后，要将分析和研究的成果进行落实，最终形成具体的设计方案，实现方案从物质需求到思想理念再回到物质形象的质的转变。方案的构思离不开设计者的形象思维，而创造力和想象力又是这种形象思维的基础，它呈现出发散的、多样的和开放的思维方式，往往会给人们带来眼前一亮的感觉。一个优秀的环境艺术设计作品给人们带来的感染力乃至震撼力，都是从这里开始的。

创造力和想象力不会一蹴而就，其一方面需要平时的学习训练，另一方面还需要进行充分的启发与适度的“刺激”，比如设计者平常可以多看资料，为创造力和想象的产生提供充分的基础，此外还要多画草图为其产生创造必要的条件。

形象思维的特点也决定了具体方案构思的切入点的多样性，并且更是要经过深思熟虑，从更多元化范围的构思渠道，探索与设计项目切题的思路，通常可从以下四个方面得到启发。

（1）融合自然环境的构思

自然环境的差异在很大程度上影响了环境艺术设计，富有个性特点的自然环境因素如地形、地貌、景观等，均可成为方案构思的启发点和切入点。

美国建筑师赖特设计的“流水别墅”，就是这一方面的典型案例。该建筑选址于风景优美的熊跑溪上游，远离公路且有密林环绕，四季溪水潺潺，树木浓密，两岸层层叠叠的巨大岩石构成其独特的地形、地貌特点。赖特在对实地考察后进行了精心的构思，现场优美的自然环境令他灵感进发，脑海中出现了一个与溪水的音乐感相配合的别墅的模糊印象。

设计师的灵感付诸实践，建成后的别墅图4－2－11所示：巨大的挑台由混凝土制成，从其背后部的山壁向前翼然伸出，上下左右前后错叠的横向阳台栏板呈现出鲜艳的杏黄色，宽窄厚薄长短参差，造型极其令人注目。毛石墙材料就地取之，在砌筑时充分模拟了天然的岩层，宛若天成。

图4－2－11　流水别墅

而四周的林木也完全融入其中，在建筑的构成中穿插生长，旁边的山泉顺流而下，人工与自然交相辉映。

（2）根据功能要求的构思

根据功能要求，构思出更圆满、更合理、更富有新意地满足功能需求的作品，一直是设计师所梦寐以求的，把握好功能的需求往往是进行方案构思的主要突破口之一。

例如，在日本公立刈田综合医院康复疗养花园的设计中，由于没有充足的预算，所以为了满足复杂的功能要求，必须在构思上反复推敲。设计师就从这片广阔大地的排水系统开始设计，在庭园中央设计一个排水路以提高视觉效果；同时，为了满足医院的使用功能要求，特别为轮椅使用者的训练设置了坡道、横向倾斜路、砂石路和交叉路等；为患有生活习惯病的患者准备了多姿多彩的远距离园路，使患者能在自然中不腻烦地进行康复训练：在花园中还设计了被称为“听觉园”“嗅觉园”和“视觉园”等的圆形露台，上置艺术小品，即使患有某种感官障碍的患者，在这里也能感觉到自己其他器官功能的正常，在心理上点燃了他们对于生活的希望。显而易见，这些都是设计者在把握具体功能要求的基础上做出的精心构思，值得我们学习与借鉴（图4－2－12、图4－2－13）。

图4－2－12　花园全景

图4－2－13　听觉园

（3）根据地域特征和文化的构思

建筑总是处在某一特定环境之中，在建筑设计创作中，反映地域特征也是其主要的构思方法。作为和建筑设计密切相关的环境艺术设计，自然要将这种构思方法贯彻到底。

反映地域特征与文化最直接的设计手法就是继承并发展地方传统风格，着重关注对传统文化中符号的吸取和提炼。

例如，西藏雅鲁藏布江大酒店的室内设计主要围绕着西藏地域建筑文化，着力渲染传统的“藏式”风格。墙上分层式的雕花、顶棚的形式、装饰用彩绘，均是对西藏地域性文化特征的传承和体现（图4－2－14）。

又如，深圳安联大厦的景观设计，则更多的是基于传统文化理论基础上的现代构成形式的创新。建筑的空中花园根据楼层的高低不同，以富有生命活力的植物的种植来表现取意于《易经》中不同吉祥卦位的线条构成形式，寓意深远又同时具备了一种现代的表达方式（图4－2－15）。

图4－2－14　西藏雅鲁藏布江大酒店大堂设计一角

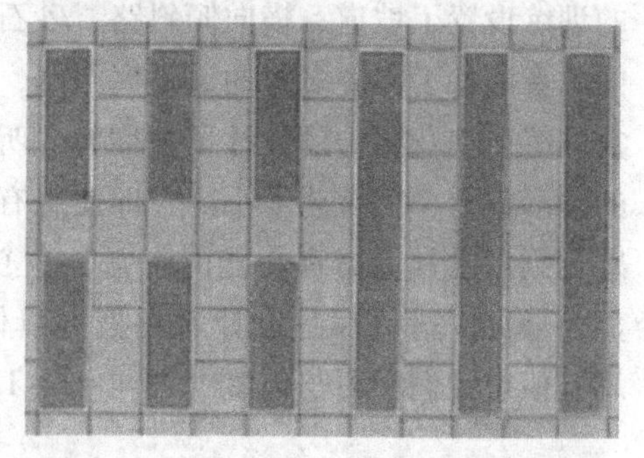

图4－2－15　安联大厦二十层空中花园用植物的设计方法表现

显然，地域性的文脉感通过这种注重对地域特征与文化进行重新诠释的作品被充分地表达出来。设计者在设计这些作品的过程中，通常采用比较显露直观的设计手法，是要靠人的感悟来体会其中所蕴含的意味。

另外，在上海商城（图4－2－16）的设计中，美国建筑师波特曼从中国传统园林中汲取营养，完全运用现代的设计手法，将小桥、流水、假山等巧妙地组合在一起，展现出浓郁的中国韵味。同时，在一些细部的构思上还有许多独特之处：中庭里朱红色的柱子、斗栱柱头做法，还有栱门、栏杆、门套的应用等，都没有一味地直接沿袭中国传统建筑的符号，而是进行了抽象化的再处理。由此，我们不难看出，它不仅仍旧能唤起人们对中国传统建筑的联想，还在空间的形式上充满了现代感。

图 4-2-16　上海商城的内部

(4) 体现独到用材与技术的设计构思

材料与技术是设计师永远需关注的主题，同时，独特、新型的材料及技术手段能给设计师带来创作热情，激发无限创作灵感。

例如，位于美国加利福尼亚纳帕山谷的多明莱斯葡萄酒厂的设计者赫尔佐格和德梅隆，为了适应并利用当地的气候特点，想使用当地特有的玄武岩作为建筑的表面饰材，以达到白天阻热，吸收太阳热量，晚上将其释放出来，平衡昼夜温差的设计构思。但是周围能采集的天然石块又比较小，无法直接使用。故而，他们设计了一种金属丝编织的笼子，把小石块填装起来，形成形状规则的“砌块”。根据内部功能不同，金属丝笼的网眼有不同大小规格，大尺度的可以让光线和风进入室内，中等尺度的用于外墙底部以防止响尾蛇进入，小尺度的用在酒窖的周围，形成密实的遮蔽。这些装载的石头有绿色、黑色等不同颜色，也就和周边景致自然优美地融为一体，使建筑与自然环境更加协调（图 4-2-17）。

在这里，需要特别指出的一点是，在具体的方案设计中，应从环境、功能、技术等多个角度进行方案的构思，寻求突破口；或者是在不同的设计构思阶段选择不同的侧重点都是最常用、最普遍的构思手段。

(a)

(b)

图4-2-17　多明莱斯葡萄酒厂

（三）多方案比较

1. 多方案比较的必要性

多方案构思是设计的本质反映。通常，人们认识事物和解决问题习惯于方法结果的唯一性与明确性。而对于环境艺术设计来讲，认识和解决问题的方式结果是多样的、相对的和不确定的。这是由于影响环境设计的客观因素众多，在认识和对待这些因素时，设计者任何细微的侧重都会产生不同的方案对策，只要设计者没有偏离正确的设计观，所产生的任何不同方案就没有对错之分。

在环境艺术设计中，多方案是其目的性的要求。无论是对于设计者还是建设者，其最终目的是取得一个尽善尽美的实施方案，即“相对意义”上完美的方案。此外，多方案构思是民主参与意识所要求的。让使用者和管理者真正参与到设计之中，是“以人为本”的充分体现。这种参与不仅表现为评价选择设计者提出的设计成果，而且应该落实到对设计的发展方向乃至具体的处理方式上提出质疑、发表见解，使方案设计这一行为活动真正担负其应有的社会责任。

总而言之，每位设计者都要养成一个良好的工作习惯——多做方案进行比较。美国著名园林设计师 Garrett Eckbo 早在学生时期就对多方案比较十分看重。如图4-2-18所示，为了研究城市小庭园的设计，以及探索设计的多面性，他在进深7.5m的基地上做了多个不同方案。

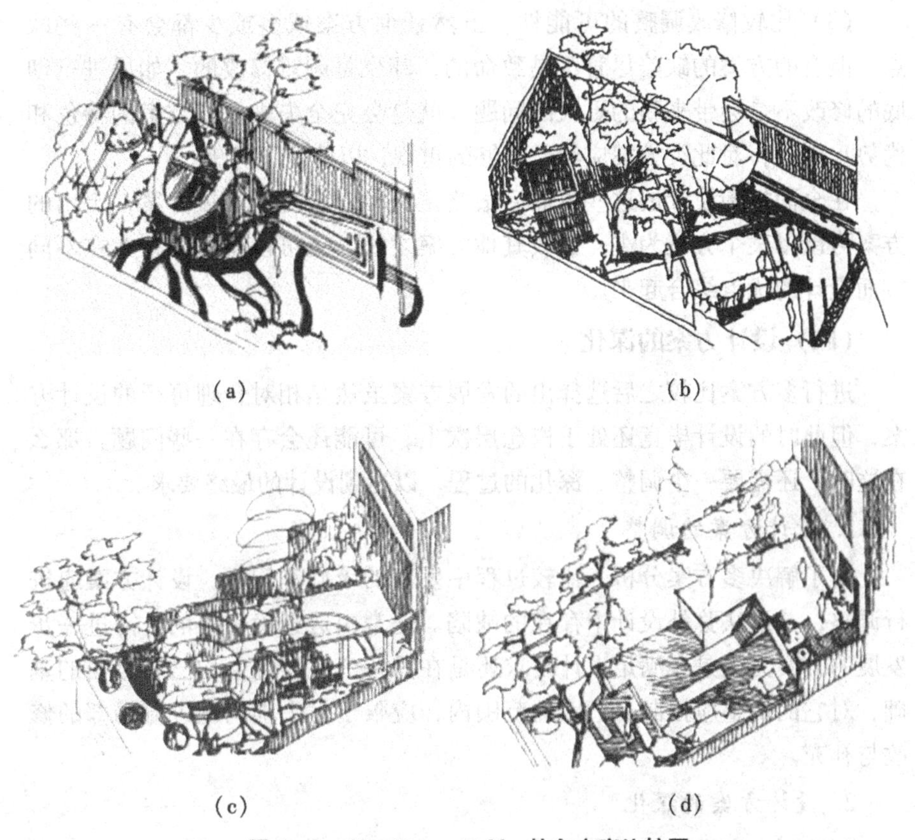

(a)　(b)　(c)　(d)

图4-2-18　Garrett Eckbo的多方案比较图

2. 多方案比较和优化选择

提高设计者的设计方案能力的有效方法之一，就是多方案比较。各个方案都必须要有创造性，应各有特点和新意而又不能雷同，否则就无法达到多方案比较的根本目的。

在完成多方案的设计后，应展开对方案的分析比较，从中选择出理想的发展方案。从大体上来讲，分析比较的重点应集中于以下三点。

(1) 比较设计要求的满足程度。是否满足基本的设计要求，是鉴别一个方案是否合格的起码标准。一个方案如果满足不了设计要求，那么无法获得成功。

(2) 比较个性特色是否突出。一个好的设计方案，应该有其个性和特色并且还是优美动人的。如果一个设计方案平淡乏味，那么就很难使人们产生共鸣，就是一个失败的设计。

（3）比较修改调整的可能性。虽然任何方案或多或少都会有一些缺点，但有的方案的缺陷尽管不是致命的，却也是颇难修改的，如果进行彻底的修改不是会带来新的更大的问题，就是会完全失去原有方案的特色和优势。因此，对此类方案应给予足够的重视，以防留下隐患。

在全面权衡设计的这些方面后最终定出相对合理的发展方案，定出的方案可以以某个方案为主，兼收其他方案之长，也可以将几个方案在不同方面设计的优点综合起来。

（四）设计方案的深化

进行多方案比较之后选择出的发展方案虽然是相对合理可行的设计方案，但此时的设计毕竟还处于概念层次上，可能还会存在一些问题。那么在这时，还需要一个调整、深化的过程，以达到设计的最终要求。

1. 设计方案的调整

为了解决多方案分析、比较过程中发现的矛盾和问题，设计方案应进行调整，并设法弥补设计中存在的缺陷。通常由遴选确定出的、需进一步发展的方案无论是在满足设计要求还是在具备个性特色上均已有相当的基础，对它的调整应控制在适度的范围内，应限于对个别问题进行局部的修改与补充。

2. 设计方案的深化

要达到方案设计的最终要求，需要一个从粗略到细致刻画、从模糊到明确落实、从概念到具体量化的进一步深化的过程。深化过程主要通过放大图纸比例，由面及点，从大到小，分层次、分步骤进行；为了更好地与业主沟通，应恰当地运用语言的表达。

深化设计方案过程中需要注意的内容主要有以下三个方面。

（1）各部分的设计尤其是造型设计，应严格遵循一般形式美的原则，注意对尺度、比例、韵律、虚实、光影、质感以及色彩等原则规律的把握与运用，这样一来便能收到较好的设计效果。

（2）方案的深化过程必然伴随着一系列新的调整，除了各个部分自身需要适应调整外，各部分之间必然也会产生相互作用、相互影响，对此应有充分的认识。

（3）实际上，方案的深化是一个长期的、多次循环的过程，需经历深化—调整—再深化—再调整等多次循环的过程。显而易见，这个过程的工作强度、难度是很大的。因此，要想完成一个高水平的方案设计，除了要求具备较高的专业知识、较强的设计能力、正确的设计方法以及极大的专业兴趣外，还不可缺少细心、耐心和恒心等素质。

四、模型制作

模型制作，是方案设计的最后一个步骤。模型能以三度空间的表现力表现一项设计，使观赏者能从各不同角度观看并理解所设计形体、空间及其与周围环境的关系，因而它能弥补图纸的局限性。环境设计项目伴随着复杂的功能要求及巧妙的艺术构思常常会得出难以想象的形体和空间，仅用图纸来描述这些艺术构思是难以充分表达它们的。设计师常常在设计过程中借助于模型来酝酿、推敲和完善自己的设计创作。需要强调的是，模型只是一种表现技巧，不能替代设计图纸。

按照用途，可将模型分为以下两大类：正式模型，多在设计完成后制作；工作模型，即用于推敲方案在设计过程中的制作和修改。

二者在制作方面存在很大差异：正式模型的制作较为精细，工作模型的制作较为粗糙。

（一）正式模型的制作

正式模型要求准确完整地表现方案设计的最后成果，还要求具有一定的艺术表现力和展示效果。通常情况下，模型表现可运用以下两种方式。

（1）以各种实际材料或代用物，尽量真实地表达空间关系效果的模型。

（2）以某一种材料为主，如卡纸、木片等，将实际材料的肌里和色彩进行简化或抽象，其优点是把主要精力集中在空间关系处理这一要点上，不必为单纯的材料模仿和烦琐的工艺制作耗费过多的时间。

（二）工作模型的制作

由于工作模型能够及时地把方案设计的内容以立体和空间的表现方式形象地表现出来，所以它具有更为直观的效果，对方案的改进与深入有助益。

在设计过程中，设计方案和制作模型可以交替进行，它们能相辅相成地帮助设计师改进完善设计的方案；可以从方案的平、立、剖面的草图阶段就开始制作模型，也可以直接从模型入手，利用模型移动的便利和空间功能的改变再改进方案构思和比较，然后在图纸上做出平、立、剖面图的记录。通过草图和模型的不断修改，就能接近和达到方案的最后完善。

工作模型的材料，应尽量选择诸如卡纸、木材、聚苯乙烯块等易于加工和拆改的材料。在这里，需要强调的是，工作模型的制作不需要像正式模型那么精细，且应易于改动，重点是空间关系和气氛表达的研究。

第五章　城市空间的环境艺术设计

本章主要围绕城市空间的环境艺术设计进行具体阐述，内容包括城市步行空间的环境艺术设计、城市街道空间的环境艺术设计以及城市广场空间的环境艺术设计。

第一节　城市步行空间的环境艺术设计

一、步行空间环境的概念

所谓城市步行空间环境，是指在不受汽车等交通工具干扰和危害的情况下，人们可以经常或暂时性地自由愉快地活动在充满自然、景观和其他设施的空间中。

二、步行空间环境的意义

众所周知，人们的生活质量主要取决于城市环境，因为城市环境为城市生活提供的不仅是物质的环境，还提供了重要的精神、社会和心理的环境。20 世纪初，汽车等现代交通工具的出现，为人流和货流带来了极大的便利，并在很大程度上缩短了运行时间，使城市的物资交换、能量交换、信息交换、人际交往充分发挥了城市的机能。但是，由于汽车等交通工具日益增多，并充斥整个城市通道，除造成交通肇事增多、交通阻塞、废气污染严重、道路和停车场占地面积增大、原有的高速度和高流量的优点日渐消逝之外，在社会、文化、精神生活方面，汽车剥夺了居民在城市空间活动的自由度、轻松感、安全感，损害了城市与市民之间的相互作用和紧密联系，增强了不安定感。为此，城市中的步行环境，是适应汽车化时代人的生理和心理需求的表现。从步行环境的特性和要素出发，提出在城市交通组织中步行环境优先，其目的在于创造更加人性化的城市环境。

城市步行空间环境是室外开敞空间的重要组成部分，其主要功能就是为人服务。人的存在，赋予了步行环境以意义和价值。由此可见，步行空间环境的设计，应充分考虑人的需要，满足人的多种要求。同时，步行空间环境也是城市文化的一个重要载体，其中包含了丰富的城市文化的内涵，有意识地将文化因素注入步行环境之中，是成功的步行空间环境设计的重要前提（图 5 – 1 – 1）。

图 5 – 1 – 1　城市步行空间环境

三、不同类型的城市步行空间环境

（一）小规模开放空间

通常情况下，小规模开放空间建在城市街区中心地带的路边，以作为缓冲性的公共开放空间。例如，高层建筑附近的“公共空地”和“袖珍公园”（图 5 – 1 – 2）。

图 5 – 1 – 2　袖珍公园

（二）公共绿道、步游道

公共绿道、步游道就是不受城市中心和居住区所局限的公共绿道，包括近似于公园的“绿道”“游步道”，居住区内用于日常散步的“散步道”，等等。在历史名城和旅游观光地，常建造环绕名胜古迹的游步道和散步道。

（1）绿道，就是以绿化为主体的街道空间。

（2）从本质上来讲，漫步道、散步道不存在明显的差异。人们通常认为，绿道就是漫步道和散步道。

（三）专用步行空间

为完全排除汽车的干扰，专供人行的公共空间，多用旧城市的街巷和现代城市的商业街。按照物理性状，专用步行空间可分为三大类，我们对其总结如下。

1. 封闭型

步行空间上部由屋顶和光棚覆盖，形成全封闭全天候的建筑形式，优点是可以提供防风雨、避严寒、抗日晒等人工环境。正因如此，这种形式有较好的招揽效果，所以它被广泛用于商业街。

用于屋顶的覆盖层，大多采用透光的材料，其形式有弧状、双坡、单坡、拱状、半拱状，以及天窗式等多种形式。

2. 半封闭型

半封闭型的专用步行空间，其建筑是由沿建筑一侧由骑楼、挑廊、拱廊等构成的上挑下凹的结构组成的，行人走在有顶盖的廊内，以防日晒雨淋；而在道路一侧则是敞露的，可以与自然气象邻接。

中国南方的一些城市，由于气候变化无常，通常采用骑楼形式的商业街较多（图5-1-3）。

3. 开放型

开放型的专用步行空间，即没有屋顶和华盖的敞开式步行空间。由于没有屋顶，雨雪天气时会有不便。但在晴天时，它可以既受惠于蓝天和接受阳光、空气的沐浴，又不妨碍欣赏沿途的街道绿景。由此可见，它是最合适的步行空间。

图 5-1-3　半封闭型的专用步行空间

（四）车步共道

按照物理性状，可将车布共道①分为两大类，即"分离型"与"融合型"。

在车步共同存在的空间中，为了保证行人的安全和活动的自由度，同时又要解决交通运输，必须对道路布置采用有效的措施，通常是按分离制和融合制办法来处理。

1. 融合型

对于车流量较小的地区，允许步行与车行在同一空间中共存。即使如此，也往往用不同的路面铺装，划出行人的界域，以使司机容易辨认哪里是行车的区段，与普通道路相区别（图 5-1-4）。

图 5-1-4　融合型

① 所谓车步共道，是指对汽车没有严格限制的既走人又通车的道路。

2. 分离型

在欧美诸城市中，在汽车出现之前，马车很普及，有马车与行人在道路空间中共存的悠久历史。当时由于路面狭窄，有许多事故发生，所以出现了将步行道和车行道设在不同的高差平面上的做法，即高低或垂直分离型（图5－1－5）。

图5－1－5　分离型

（五）步行者优先空间

所谓步行者优先空间，就是在一定的限制下允许汽车和电车通行的步行空间。供公交车辆和出租车通行的“公交步行街”，或有限制地允许一般汽车开进居住区的“社区道路”都属于这类空间。大体来讲，它主要分为两种类型，具体如下。

1. 公交步行街

公交步行街禁止普通车辆通行，只容许公共交通车通行，是属于限制能行量的类型。在步行街中保留少量线路的公交车辆通行，有利于行人的搭乘和客运交通的过境。

2. 半开放型

半开放型的步行者有限空间是在人车共存的情况下，对车辆进行一定的限制；对步行者给予优先权，以达到既合又分的目的。对车辆的限定包括多种方式，如速度限定、时间限定、通行方向限定、路线线形限定等等（图5－1－6）。

图5-1-6　半开放型的步行者优先空间

（六）时间系步行空间

所谓时间系步行空间，是指定时与定日控制车辆通行的步行空间，人与车在规定时间内交替运行。从时间的角度来看，它分为“定时”和“定日”两种，如白天车辆通行，傍晚形成购物市场。考虑学生的上学和放学时间，实施“通学路”；在星期日和集市活动的时间内所设置的时控性“购物街”和“周日集市”，等等。

（七）滨水步行空间

滨水区域是城市开放公共空间中兼具自然地景和人文景观的区域，具有一些鲜明的空间特点，如自然、开放、方向性强，等等。在城区闹市中长久生活的人们来到水边，是对既定生活环境变化的一种渴求，缓解由于市中心交通、环境和空间布局等问题使人产生的紧张和压抑，使人们从城市狭小空间的生活中得以看到无限的天空和遥远地平线的宽广，充分体会空间开放的魅力。另外，在广阔无垠的空间中，人的活动范围主要集中在水岸交界地带，具有有限性；而无限延伸的水域空间通常只提供视觉的自由驰骋。

滨水地段空间的连续线性分布延续了沿江滨水轴线关系，使其成为城市中难得的连续步行带。线性特征符合水域空间的自然特征，表达了一种方向性，具有运动、延伸、增长的意味，其形态在视觉上形成一系列线的形象，一些有形的线和无形的线共同作用于人的感觉和知觉，线无限延伸，也使空间向远处无限拓展。提供足够长度的滨水步行空间，强化了空间的线性认知，线型人工水景带逐步深入滨水景观的深处，并渐变为自然江岸，边界步行景观路沿江设置，从而形成连续的系列景观（图5-1-7）。

图5-1-7　滨水步行空间

（八）高架步行空间

所谓高架步行空间，就是人与车采取垂直的立体分离所修建的步行空间，如高于车道的“人造台基”，跨越通道的“高架通行栈桥”，架于两栋建筑之间的空中走廊，等等。

通常情况下，高架步行空间可以分三种形式，具体如下。

（1）人造台地。人造台地的历史相当悠久，早在古代文明时代就已开始，如中国的古建筑，直至清代的宫殿，日本以神社大殿为中心的仪式场所，大都是建在人工夯实的台基上。

（2）步行者专用高架道。即步行者空中专用通道（图5-1-8）。

图5-1-8　步行者专业高架道

（3）空中走廊。它是联系两座建筑物的室内空间所设置的室外架空通道。其建筑形式主要有三种，即开敞式、半开敞式（有顶无墙）和内廊式。

（九）地下步行街

地下步行街是与汽车、电车垂直分离而设置的独立的地下街，主要分为两大类，具体如下。

（1）地下道。与高架道相反，它是设在地下的步行者专用道。其主要目的就是避免与汽车等交通工具平面相交和相互干扰。

（2）地下商业街。地下商业街是近年来发展较快的一种建筑形式，大部分地下商业街除利用高层建筑的地下层组织联网通道外，一般是与地铁车站的进出口相联系（图5-1-9）。

图5-1-9　地下商业街

四、步行空间环境的设计原则

经过长期的分析与研究，我们对步行空间环境的设计原则做出了总结，主要归纳为三个方面，具体如下。

（一）以人为本的原则

人是城市的主体，故而，人就是现代城市设计的尺度参照物。其设计宗旨在于，以人为中心，为人创造舒适、方便、亲切的活动场所。

显而易见，对于步行空间环境的设计更应立足于步行及相关活动的需求取向，以人本主义为其设计准绳。理想的城市步行环境应当是多向性的，是由步行活动及相应的各具特色的步行活动空间有机串联而形成的整体性、系统性的城市外部公共空间网络。城市公共生活在内容及方法上的丰富多彩决定了城市步行环境并不能简单地类同于普通道路，它应当为步行者提供富于个性而且丰富多彩的空间，也应当是城市中最富有人情味的活动场所之一。

（二）系统性原则

城市是一个开放的动态大系统，系统内各元素、子系统之间只有相互配合，有机协调才能维持城市的正常运作和发展。系统性有两个层次的含义，如图5－1－10所示。

系统性的含义

空间开发的系统化。城市步行环境开发是对城市步行空间的系统性的综合开发。步行空间穿插渗透与城市综合开发的各个区段，是构成城市外部公共空间的重要空间要素。城市步行环境的设计应当纳入整个城市公共空间网络中，对它的考察应先从它所处的高一层次的环境系统开始。在整体构架关系中确立其所处的地位，并与周围环境的空间形态及设计上保持其应有的连续性。

从开发方式上来说，城市步行环境与周围建筑用地的开发应是相互提携，互为开发契机的综合性关系。横向上，主要是根据需要和可能，在空间和时间上，统筹安排、配套建设、分期交付使用，尽早发挥开发效益；纵向上，则是对建设的全过程，即规划设计、征地拆迁、用地开发、建筑施工、验收使用，直至管理维护等，做到各环节相互配合，协调发展，以取得良好的综合开发效益。

图5－1－10　系统性的含义

而目前国内的许多步行空间环境则缺乏系统性，甚至不成体系，这一点需要引起每位设计者的重视，并采取措施解决。

设计是一个整体，过程与结果都很重要。问题的解决不应只是依赖设计者个人的思想，还应借助于使用者的参与和集体创作的方式。因为使用者的意图与设计是不同的，最终的评判应当以使用者为主，所以使用者参与设计是十分重要的。

（三）生态性原则

一个城市的环境品质，不仅是从人的立场来衡量其可居度，还应进一步考虑人与大自然的协调及平衡性。所以，环境设计者应遵循生态性原则。而该原则不仅仅是指对自然要素的利用，还包含了将自然元素引入步行环境当中，树木、花卉、草坪和水景等自然元素的引进，能够为城市居民带来清新感。

第二节　城市街道空间的环境艺术设计

街道是城市结构的主脉，也是城市形象和城市景观的中枢。下面，我们主要围绕城市街道空间的环境艺术设计进行具体阐述。

一、街道景观的内容与构成

（一）街道景观的内容

街道景观是由街道两侧的垂直景观和路幅范围内的水平景观组成的。垂直景观包括建筑、围墙、出入口、店招、电话亭、路标（图5－2－1）、路引、灯具、绿化、岗亭、站亭、钟塔、广告牌，以及移动的行人和车辆，等等；水平景观包括路面及交通指示符号、人行道、路缘、草坪、低矮树丛，等等。

图5－2－1　路标

（二）街道形式与景观

街道的连续性、延伸性、节律性、扩展性，往往需要依靠相应的形式体现出来。空间的进退有序，开阖有法，高低有致，曲折有度，适当注意视焦点（交叉口和转折处的景观节点）的处理，这样会取得相应的景观效果。虽然建筑形态各异，但由道路及底层基线的联系纽带作用，也一定会很好地实现统一与变化的艺术法则。

（三）街道景观的构成

街道景观的构成主要有以下六个部分。

1. 建筑景观

街道两边的建筑，是街道的主体、街道空间的侧界面（图5－2－2）。沿街道的建筑物作为街景的主体，从城市的大环境来看，应与周围建筑相互协调，使街道景观张驰有序，有时应在一些大型公共建筑前留出一块空间，配以铺地、雕塑，作为流通的共享空间。其实，我们不难看出，接近人的尺度的建筑立面，应设计得精致细腻，有一定的耐视性、标识性和易记忆性，使人易于接近和驻足。

图5－2－2　建筑景观

大体来讲，街道建筑外观造型的设计可分为三个层面，如图5－2－3所示。

街道建筑外观造型的设计	
	建筑的宏观造型，即天际轮廓线。著名建筑的外观轮廓往往都很醒目，使人过目不忘。
	人在中距离上对建筑的感知，也就是建筑外观的中观元素。包括建筑开窗与实墙面的虚实对比，立面横竖线条的划分等。
	人到建筑近前，与建筑直接接触的微观层面。人所能感受的范围也就在一层高之内。应该说，这一层面上的设计重点就是建筑的细部和材质的表达。街道建筑的设计重点也应在首层外观的细部上，包括门窗的形式，骑楼雨棚的应用，台阶、踏步、扶手、栏杆、花盆、灯具、浮雕、材质色彩与划分，等等。

图5－2－3　街道建筑外观造型设计

2. 交通景观

所谓交通景观，就是道路的路标、路引、护坡、跨线桥、红绿灯、岗亭、候车亭（图5－2－4）、加油站、售票亭、栏杆、路灯等交通构件。

城市的海港、航空港、火车站处的交通要塞，既是人流汇聚之处，也是城市文明的窗口。除活动的交通工具外，站房、交通标志系列、信号系列、栈台、高架线路等都是环境景观的组成要素。这就要求设计者进行整体的系列设计。

图5－2－4　候车亭

3. 文化景观

文化景观，包括街头文化橱窗、阅报栏、电话亭、书亭、电视、壁画（图5－2－5），以及代表商业文化的店招、店面、广告牌、售货亭（图5－2－6）等。这些街头文化设施从一个侧面反映了城市的文化风貌。

图5－2－5　壁画

图5－2－6　售货亭

4. 构筑物

通常情况下，一些高耸的构筑物会被收入街道景观的视野范畴内；一些地下排风装置从地面升起，坐落在临街的空地内，也与街道的视域相关。所以如何处理构筑物景观也是不容忽视的问题，如水塔、烟囱、通风道的出口。

水塔（图5－2－7）、罐体、冷却装置、烟囱在现代城市中可以说是随处可见的建筑物，并且常常以其粗硬的线条、笨重的造型、沉重的色调给人留下不好的心理感受。而如果对其进行艺术化的处理，可大大改善其外观形态，成为环境艺术融于城市的总体形象，甚至成为城市建筑中一道亮丽的风景线，为城市增添地域的、象征性的艺术符号。

图5－2－7　水塔

5. 街道家具与小品

街道家具包括许多内容，如座椅（图5－2－8）、石桌、时钟、卫生洁具、垃圾筒（图5－2－9），等等。

小品则泛指花池、景架、阶台、雕塑、花架、景石、景洞等建筑。

不容置疑的是，街道家具与小品都是为人们提供休息、驻足观赏和饮食服务的功能性与艺术性相结合的设施。

图5-2-8 座椅

图5-2-9 垃圾筒

6. 街道夜景

随着时代的进步，城市化进程的加快，城市夜环境日趋成为城市风貌的重要组成部分。城市夜景照明设计就是利用光的一切特性，去创造和满足人们所需要的艺术氛围。因而，近来人们越来越重视灯光在夜环境中的运用，重视灯光对夜环境所产生的美学效果以及由此而产生的心理效应。这种变化要求每一位设计者必须充分开发、利用夜空间环境，利用现代先进的照明技术手段，创造出宜人的城市夜环境（图5-2-10）。

图5-2-10 街道夜景

二、商业街的规划与设计

商业街①是城市公共空间的一种，承载着城市的历史文化以及容纳着大量的市民生活。如今，在城市中，它占有至关重要的地位。商店在城市

① 商业街是指众多不同规模，不同类别的商店有规律的排列组合的商品交易场所，其存在形式分为带状式商业街和环型组团式商业街。它是由众多的商店、餐饮店、专卖店共同组成，并且按一定结构比例规律排列。

街道上占有相当大的比例，它与市民的生活密切相关，几乎是哪里有人群哪里就有商店，而且往往是联店成街，即所谓无店不成街，无街不成市。下面，我们主要围绕商业街的规划与设计进行具体阐述。

（一）商业街的分类

经过长期的分析与研究，我们对商业街的分类做出了总结，主要归纳为三个方面，具体如下。

1. 按规模分类

根据规模，可将商业街分为两大类，具体如下。

（1）大型商业街。在长度为1000米的标准基点上进行的商铺的有序布局，如上海的南京路和淮海路两大商业街，北京王府井大街和西单北大街两个大型商业街。目前全国最长的步行街是全长为1210米的武汉江汉路商业街（图5－2－11）。

图5－2－11 武汉江汉路商业街

（2）中小型商业街。例如，深圳华强北路商业街和北京的大栅栏袖珍商业街。

2. 按等级分类

根据等级，可将商业街分为两大类，具体如下。

（1）市级商业街。例如，哈尔滨中央大街、天津和平路商业街。

（2）区级商业街。例如，天津滨江道商业街、北京地安门商业街和方庄小区餐饮一条街。

3. 按功能分类

根据功能，可将商业街分为两大类，具体如下。

（1）专业型商业街。例如，杭州健康路丝绸特色街、福州榕城美食街、北京三里屯酒吧一条街。

（2）综合型商业街。例如，北京西单商业街、乌鲁木齐中山路商业街、昆明青年路商业街、长春重庆路商业街。

（二）商业街的业态规划

商圈经济中的各种业态的丰富性决定了商圈经济的成熟度，各业态以商圈经济为依据可以做到优势互补。商业街作为一个完整的生态小系统，各个业态之间也呈现出相互补充、协调发展的状态，凝聚各种业态的特点来实现对商业街的整体定位的凸显。

通常来讲，商业街的整体行业结构往往呈现出购物、餐饮、休闲娱乐“三足鼎立”状，但这不是一个固定的结构，主题不同，商业街在业态构成上将会形成不同的比重。但是，在业态组合方面必须有主次之分。

一般情况下，商业街的组成是以大型百货商店、专卖店、购物中心、大型综合超市为主，以普通超市、便利店等作为丰富商业街的补充形式。这一点需要每位设计者牢记于心。

（三）商业街的规划设计

在商业街的规划设计中，设计者要注意以下问题。

1. 空间尺度

在空间的尺度设计上，街道两侧建筑物的尺度设计深刻地影响着人对建筑空间的感受。理想的商业街在气氛上应该使人感到亲切、放松和平易近人，让人在心情上感到愉悦不压抑。

商业街以人类的商业活动为主，所以行人的活动是商业街尺度的标准，这与机动车道以机动车的尺度为设计标准一样。人们在商业街行走购物，建筑一层往往是其所关注的纵向范围，而对一层以上的范围几乎不会关注。而在横向上，其关注的范围也仅仅在 10 米 ~20 米之间，超过 20 米的距离，行人关注点往往就会集中在一侧的街道。

国外商业街在设计上极具人性化，表现为小体量、小尺度，因而常常被作为设计的样板。与国外商业街设计相比，国内的设计常常呈现出气派、豪华和厚重的气势与形象。以人为本的原则，是每一位设计者在把握商业街设计的尺度时必须遵守的。

2. 设计风格

与人工规划设计的商业街道不同，自然形成的传统商业街道要更具吸引力，因为其不同时期的建筑有着不同的风格特征，它们混在一起可以造成一种极其多元化而又极其统一的繁华氛围。从这一点上来讲，设计师在设计过程中应当放弃立面手法的简单统一，从而避免设计流于单调乏味，而应追求传统商业街的意境，创造一种多种风格的店铺共生的效果。当不同风格的建筑物拼在一起时，人们往往会联想到小镇风情。而即便是同样设计的不同单元也会因颜色、材质的变化而拥有差异化的外观。总之，商业街的魅力之处就在于繁杂多样的立面形态的共生，这也是商业街不同于大百货之处。

3. 材质选择

随着时代的不断进步，设计的人性化发展，诸如篷布遮阳、竹木材料外装、悬挂的旗帜和其他织物招牌等软性面材，越来越多地应用于商业街表面构件之中。这一趋势使得建筑立面设计更趋近装修装饰设计，也要求设计师不能停留在建筑框架的设计深度上，必须以装修的精度来做商业街立面设计。显然，商业街的外观设计正在朝着室内化的方向发展。

与其他建筑外观不同，商业街建筑需要店家根据自身商业的性质特点，对店铺外观进行二次装修。建筑的外观设计仅仅是一个基础平台。店家最起码需要安装招牌，有些连锁店还需要改为特定的颜色、样式。而通常情况下，招牌、广告、灯箱等室外造型会成为建筑外观中最惹眼的元素。失控的第二次外部装修可能会同原建筑设计立意冲突，甚至破坏建筑空间的效果。可见，成熟的商铺外观设计应考虑改造外装的可能，并把店名、招牌、广告和其他饰物的位置预留出来。

三、街道空间的界面设计

在本节中，除了街道景观的内容与构成、商业街的规划与设计以外，还有一个方面的内容需要我们在这里进行重点探讨，即街道空间的界面设计。下面，我们主要围绕这部分内容进行具体阐述。

（一）建筑入口

建筑入口，是城市公共空间与单位空间的邻接界面，具有双重含义——公共性与私密性。

在建筑设计中，建筑入口是一个重要元素，且没有过于严格的功能限制。因此，对于建筑入口的创作是比较自由的。建筑入口设计必须“以人为本”，从属性、空间设计及美学体验等几个方面，将入口形态分解，进行深入剖析，积极探讨入口环境的设计方法与技巧，从而创造出优秀的艺术作品，并使其具备多元化、立体化的特征（图5－2－12）。

图5－2－12　建筑入口

建筑要与它所处的环境发生关系，街道环境决定着建筑入口的位置、朝向、大小和形状等视觉表现因素以及人们出入建筑的行为方式。因地制宜是入口空间创造的基本准则。所以应根据不同的场地特点综合考虑入口与引道、地形的关系，从而使入口空间形式与街道环境相协调。

入口空间作为建筑空间体系的开端，完成了由外部环境到建筑内部空间的过渡。它所营造出的空间环境，会在很大程度上影响行人。与此同时，入口空间设计还要有效地组织各种不同的人流，避免行人与其他流线的相互干扰。

在功能上，建筑出入口首先是交通的要塞，具有人流的集结与疏散，车流的导入与输出，以及人流与车流的汇合与分导等问题，因此既要考虑行车的汇交视距与交通安全，又要有适当的缓冲地段。

在景观上，首先，它是城市景观的组成部分，往往是线形景观的一个节点。其次，它是单位建筑空间的起景点，是第一印象景。

在标志意义上，它具有明显的道具性。通常情况下，它的造型会与建筑的性质、规模、单位名称等紧密结合。其标志要便于空间的识别与定位，使人一目了然。

（二）围墙

实际上，围墙是建筑与城市对话的界面，它起到了十分重要的作用，因为它既能够烘托建筑本身，还能够丰富城市景观。中国建筑的各种空间领域的限定，往往采用实体围合的形式，以墙来划分内外区域。大者有万里长城，小者有一家一户的宅院，大墙套小墙，墙内有墙，处处有墙。从目前来看，围墙设计应力求新颖，提高品质，形式多样，使其文化品位得到大幅度提升（图 5-2-13）。

图 5-2-13　围墙

（三）店面

商业竞争的格局已进入一个大商业时代，在激烈竞争的氛围中，商家在每个细节上都力求与众不同。特别是在店面上，除了在店铺的设计、橱窗的造型上下足工夫，更要在商品陈列上标新立异，以求强烈的视觉冲击力，以争取更多消费者的光顾，从而更好地获利。这也是店面设计逐渐受到商家关注的主要原因。显然，店面设计已经成为销售系统中一个十分重要的环节。

店面装修设计包括许多内容，如品牌店、专卖店、商铺的装修设计。可以说，店面设计是企业品牌推广的有效手段。统一的店面识别规范能够为商家带来许多好处，有利于大众识别，对加盟商的信任和发展也会产生助益作用。

店面设计中，有一个关键问题需要引起设计者的关注，即如何增加商品与顾客之间的信息交流，用商号显示商店的性质及主要经营范围，用店招（俗称幌子，图 5-2-14）表明行业，用橱窗展示主要商品的质量及吸引顾客的光临，而更直接地表现在店面的招揽性、标志性、诱目性。满足顾客求实惠、求新奇等心理，可以有针对性地进行商品宣传，在具体设计时往往采取以下五种方式。

图5-2-14 店招（幌子）

（1）透视性。将商品通过透明的窗口直接展现在人行道上，隔窗可以看到室内的陈设，让铺面上的商品直接与顾客对话。

（2）立体化。将橱窗布置成三度空间，给人以立体的画面感受，表现出商品的丰富多彩。

（3）整体性。将临街立面全部作为广告橱窗。底层通透，上层依靠模特等较大的形体衬托。

（4）开放性。不用橱窗，将底层铺面直接敞向街道。

（5）动态化。动态的景物比较容易吸引人们的注意力，具有较强的诱目性。有的商品采取现代科技来强化橱窗的动态诱导，如激光、旋转、音响等直接用于橱窗显示。

第三节 城市广场空间的环境艺术设计

众所周知，广场是城市风貌及空间构成的重要组成部分。可以说，它就是城市的客厅。广场的建设对于提升环境质量、强化市民的归属感，加强城市文化性格等方面，具有不可替代的社会意义。随着时代的不断进步，城市化进程的不断发展，城市广场正在成为城市居民生活的一部分。

一、城市广场的作用与形式

（一）城市广场的作用

城市广场在城市设计与规划中占有极其重要的地位。通过分析城市的发展历程，我们不难看出，欧洲中世纪的城市，除极少数是经过规划按专家的蓝图和模型建造外，大多数城市都是由市民自己按活动需要自行建造。经过数百处的发展完善，市民们把文化和生活融入城市空间中，形成了富有人性的街道和广场，而这些街道和广场构成了城市文化的缩影和居民生活的组成部分。居民在这些广场空间中彼此交往，相互认同，进行各种各样的活动，广场几乎成了市民的生活的一部分。可以说，在人类整个定居的生活历史进程中，街道和广场都是城市的中心和聚会的场所，有着自发性与合理性。

现代城市建设在经过一段“功能至上”的追求后，越来越对城市生态环境的改善与生活质量的提高加以关注。与古典广场相比，现代城市广场无论在内涵还是形式上都有了很大的发展，特别表现在对城市空间的综合利用，立体复合式广场的出现，场所精神和对人的关怀，以及现代高科技手段的运用等方面。所以，广场能够充分地体现出城市的灵魂。

城市广场设计要充分挖掘当地的历史文化，民俗风情。广场要体现城市社会文化的某些侧面，这需要长期的积淀，绝不可能在朝暮间形成。

（二）城市广场的形式

城市广场的形式主要有两种。

1. 平面型广场

所谓平面型广场，是指步行场所、建筑出入口、广场埔地等皆位于一个平面上，或略有上升和下沉的广场形式（图 5－3－1）。

2. 立体型广场

与平面型广场相比，立体型广场①更具点、线、面相结合，以及层次性和戏剧性的特点。当然，它也存在一定的缺点，即水平向度的开阔视野

① 所谓立体型广场，是指通过垂直交通系统将不同水平层面的活动场所串联为整体的空间形式。上升、下沉和地面层相互穿插组合，构成一幅既有仰视，又有俯瞰的垂直景观图。

和活动范围比较小（图5-3-2）。

图5-3-1　平面型广场

图5-3-2　立体型广场

二、城市广场的类型

城市广场主要有以下七个类型。

（一）市政广场

通常情况下，市政广场主要修建在市政厅和城市政治中心所在地，是市政府与市民定期对话和组织集会活动的场所。而且，市政广场也是市民们参与市政和管理城市的一种象征。在广场上留有一片空地或用四周台阶围合一个集会活动的场所，这是为举行庆典、礼仪、检阅等民间礼仪活动提供便利（图5-3-3）。

图5-3-3　市政广场

（二）商业广场

随着城市主要商业区和商业街的大型化、综合化和步行化的发展，商业区广场[①]有着越来越重要的作用。人们在经历了很长时间的购物后，极其希望在喧嚣的闹市中找一处相对宁静的场所稍做休息。因而，商业广场这一公共开敞空间既要具备广场的特征，又要具备绿地的特征。这一点也是设计者需要注意的。

当今的商业广场一般都具有多种功能，集购物、休息、娱乐、观赏、饮食、社会交往于一体。广场空间中均以步行环境为主，内外建筑空间相互渗透，家具设计齐全，建筑小品尺度和内容极富人情味(图 5－3－4)。

(a)

(b)

图 5－3－4　商业广场

（三）休息和娱乐广场

众所周知，休息和娱乐广场是居民城市生活的重要行为场所，包括花园广场、水边广场、集会广场，以及居住区和公共建筑前设置的公共活动空间。广场内配置一些可供停留的凳椅、台阶、坡地；可供观赏的花草、树林、喷水池、雕塑小品；可供活动与交往的空地、亭台、棚廊，等等(图 5－3－5)。

（四）宗教广场

广场在最初形成时主要在人们聚集的宗教性建筑如教堂、寺庙和祠堂的前面，以满足其举行宗教庆典仪式、游行和集会的需求。而广场上也常常会建有一些尖塔、台阶、长廊等构筑设施，以便进行宗教祭祀、布道和

---

① 商业广场是指专供居民购物，供商业建筑进行商业活动用的广场。

(a)

(b)

图 5-3-5　休息和娱乐广场

礼仪等活动。而发展到现在，此类广场已兼有市政、休息、商业等活动内容（图 5-3-6）。

图 5-3-6　宗教广场

（五）纪念性广场

纪念性广场[①]要突出某一主题，创造与主题相一致的环境气氛，用相应的象征、碑记、纪念馆等施教的手段，教育人、感染人，以便强化所纪念的对象。可见，景物的主题、品格、环境配置必须与所纪念的内容和谐一致，否则便无法收到较为理想的效果（图 5-3-7）。

---

① 所谓纪念性广场，就是为了缅怀历史事件和历史人物而在城市中修建的广场。

(a)

(b)

图5-3-7 纪念性广场

（六）文化广场

文化广场主要是为市民提供良好的户外活动空间，满足节假日休闲、交往、娱乐的功能要求，兼有代表一个城市的文化传统、风貌特色的作用。从内部空间环境塑造的角度来看，设计者往往利用点、线、面结合的方式，立体结合的广场绿化、水景，保证广场的高绿化率。

层次性是文化广场空间设计时应注意的重要之处，对此，设计者可以充分利用地面的绿化和高低差、建筑小品、铺地色彩和图案等多种空间限定手法对其进行限定，来实现广场的不同功能，如集会、庆典、表演；较私密性的情侣约会；朋友交谈等。

在广场文化塑造方面，设计者往往利用具有鲜明城市文化特征的小品、雕塑及具有传统文化特色的灯具、铺地图案等元素烘托广场的地方城市文化特色，从而确保广场的文化性、识别性、功能性、趣味性并存（图5-3-8）。

图5-3-8 文化广场

（七）交通广场

组织、疏导交通，是交通广场[①]的主要功能。所以应处理好广场与所衔接道路的关系，对交通组织方式和广场平面布置进行合理的确定。在广场四周不宜布置有大量人流出入的大型公共建筑，应布置绿化隔离带，保证车辆、行人顺利和安全地通行，主要建筑物也不宜直接面临广场。通常情况下，交通广场分为两大类，如图5-3-9所示。

交通广场的分类
- 设在人流大量聚集的车站、码头、飞机场等处，提供高效便捷的交通流线，具有人流疏散功能。
- 设在城市交通干道交汇处，通常有大型立交系统。这种类型的广场应以交通疏导为主，避免在此处设置多功能、容纳市民活动的广场空间，同时采取平面立体的绿化种植吸尘减噪。

图5-3-9　交通广场的分类

火车站、航空港、水运码头、城市主要道路交叉点，是人流、货流集中的枢纽地段，其设计不仅要解决复杂的人货分流和停车场问题，还要合理安排广场的服务设施与景观的搭配（图5-3-10）。

（a）

（b）

图5-3-10　交通广场

① 所谓交通广场，是指有数条交通干道的较大型的交叉口广场，如大型的环形交叉、立体交叉以及桥头广场，等等。

三、广场空间环境的设计原则

在本节中，除了城市广场的作用、形式、类型以外，还有一部分内容需要我们在这里进行重点探讨，即广场空间环境的设计原则。下面，我们主要围绕这部分内容进行具体论述。

经过长期的分析与研究，我们对广场空间环境的设计原则做出了总结，主要归纳为五个方面，具体如下。

（一）注重文化内涵

广场所处城市的历史、文化特色与价值，是每位设计者都需要考虑的内容。其原因在于，只有注重设计的文化内涵，将不同文化环境的独特差异加以深刻领悟和理解，才能设计出独具特色的、具有时代性的广场。

（二）与周边环境相协调

广场的环境应与所在城市以及所处的地理位置经周边的环境、街道、建筑物等相协调，共同构成城市的活动中心。

（三）与周围交通组织相协调

要保证环境质量不受到外界的干扰，城市广场人流及车流集散、交通组织是必须要考虑到的重要因素。在设计过程中，设计者在城市交通与广场交通组织上应保证城市各区域到广场的方便性。

而人们参观，浏览交往及休闲娱乐等是广场内部交通组织设计中要重点考虑到的因素，将其与广场的性质相结合，对人流车流进行合理的组织，可以形成良好的内部交通组织。

（四）广场应有可识别性标志物

为了提高广场的可识别性，设计者往往在其中设有标志物。需要强调的是，可识别性是易辨性和易明性的总和。显然，可识别性要求事物具有独特性。对于城市广场而言，其存在的合理性与特色价值往往通过可识别性体现出来。

（五）应有丰富的广场空间类型和结构层次

在广场的设计过程中，设计者应丰富广场空间的类型和结构层次，利用尺度、围合程度、地面质地等手法，在广场整体中划分出主与从、公共与相对私密等不同的空间领域。

第六章　环境艺术设计的快速表现技法

快速表现是通过绘画手段直接而形象地表达设计师的构思意图和设计的最终效果，它是设计的一种表现形式，同时也是传达设计情感以及体现艺术设计构思的一种视觉具象思维的有机结合体，是一种专业的图解语言。快速表现技法是设计专业必须掌握的一门专业基础课程，能够提高设计师的徒手表现能力和表现技巧，提升设计师的艺术审美能力，因此每位从事设计的专业人员都必须具备一定的手绘表现能力，这也是在今后的设计工作中所必须掌握的技能。

第一节　环境艺术设计快速效果表现的工具与原则

一、环境艺术设计快速效果表现的工具

用于城市环境艺术设计快速效果表现的技法，包括马克笔技法、彩色铅笔技法与综合技法等，其快速效果表现的工具也按照其表现技法来划分。

（一）马克笔技法快速效果表现的工具

绘制马克笔快速效果表现图的工具材料主要包括各种马克笔、绘图用纸及其他辅助工具材料等。

1. 马克笔

“马克（MARKER）”英语的原意为“记号、标记”，开始主要用于包装工人与伐木工画记号时使用，后来才发展成为今天这样的文具。目前市场上出售的多为日本、美国、德国等国生产的各类马克笔（图6－1－1）。

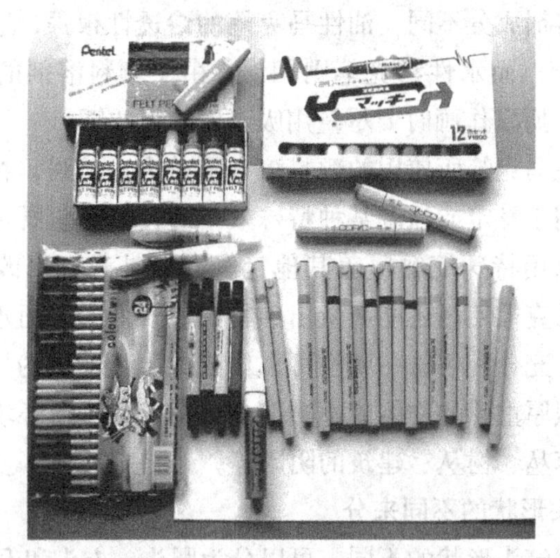

图 6－1－1　马克笔表现技法的各种用笔

日本生产的 YOKEN 牌马克笔，一套五盒，共有 116 种颜色；有 AD—24、AM—24、ANC、ANN 诸多系列，并且按色彩体系配置，配有多种中间色，并从深到浅、从纯到灰，配色齐全，其色彩透明度较高，叠加后有丰富微妙的笔触效果。日制的 ZEBRA 牌双头马克笔为 12 色装，色彩非常浓艳，可配合灰色系列色彩马克笔使用。日本生产的 MARVY 牌水性马克笔，单头、不宜叠加、效果单薄，线稿很容易画花，现在市面上有售，价格便宜。此外还有金色、银色及荧光色马克笔等。

韩国生产的 TOUCH 牌双头马克笔，水量饱满，色彩未干时叠加会自然融合衔接，有水彩效果。这种笔价格便宜，现在设计人员和漫画爱好者选用较多。

现在市面上还有一种新的美国生产的酒精性马克笔也很好用，其色彩纯正，但价格偏贵。

近年来国内一些厂家推出的木芯水彩笔，其颜色具有水溶性，均可与上述马克笔结合在一起使用，从而创造出丰富多彩的表现效果来。

马克笔的种类可按照其颜料成分与笔头形状的不同来划分。

（1）按颜料成分的不同来分

马克笔主要有油性和水性两类。油性马克笔以甲苯和三甲苯为主要颜料溶剂；水性马克笔则主要以酒精为主要颜料溶剂。水性马克笔的种类中还有一种水粉性马克笔，它的颜料溶剂里酒精的含量相对水性马克笔要少，颜料的成分较多，有较强的覆盖力。

由于颜料溶剂成分不同，油性马克笔的渗透性很强，适合在吸水力较差的纸面上作画；而水性马克笔则相反，由于颜料溶剂的主要成分（酒精）极易挥发，所以作画时要尽量用吸水力较强的纸。

通常，油性马克笔所使用的颜料溶剂覆盖力比较强，在绘制时一般不易涂改，故多用于肯定或强调某种特殊效果时使用。它既可以单独表现设计效果，也可以用特殊笔触覆盖其他笔触起到补充和修改画面不足的作用，配合水性马克笔使用还能产生出独特的表现效果。而水粉性马克笔有更强的覆盖力，充分利用这一属性可以修改或加强物体的局部色彩，也可以表现具有浓烈厚重感的物体或不透明的物体，如城市环境艺术设计中的道路、铺地、草丛、树丛、建筑的阴影等。

（2）按笔头形状的不同来分

马克笔根据笔头形状的不同，可以分为圆头、方头和毛笔头三种。

马克笔的笔尖材料多以透气、松散的尼龙为原材料制作而成，其尼龙笔尖的特性是能够吸纳更多的油性、水性和中性颜料，画出的笔痕软硬适度，运用得当，能让设计师随心所欲，从而在表现图上发挥得淋漓尽致。

目前市场上多以德国、日本、韩国和中国生产的马克笔为主，不少马克笔分两面有笔头、单面有笔头和三面有笔头的，造型各不相同。初学者可以根据使用习惯及个人爱好到设计用品商店就可以买到。一般初学者用色不宜太多，可挑选 10 余种以灰色为主调的颜色即可（目前市场上马克笔颜料有百余种），最好选用同一杆笔上有两个笔头的马克笔。

2. 绘图用纸

马克笔表现技法用纸是极其讲究的，其中用油性马克笔作图最适宜的用纸为马克笔 PAD 纸，这种纸吸油性强，不会造成晕染，且纸质细密，特别适合马克笔重复涂绘的特性，另外，这种绘图用纸略具透明性，用来描绘原稿非常方便。此外，还有一些绘图用纸均适合用来使用马克笔作画（图 6 –1 –2）。

（1）硫酸纸

用硫酸纸作为绘制马克笔快速表现图用纸效果是较好的。这种纸着色后表面并不太光滑，而且用笔时有半涩半滑的感觉，便于作图时很好地深入，不足之处是对水分非常敏感，画的遍数多了会令纸面起皱纹，因此作画时要注意能够有效地避开其弱点，展现其表现特性来。

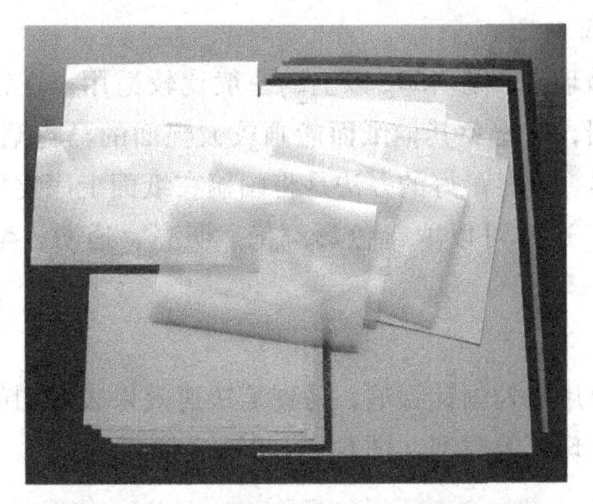

图6－1－2　马克笔表现技法的各种用纸

（2）复印纸

复印纸是指在造纸厂经过特殊加工处理的复印纸张，吸水率一般在30%～50%。比较好的复印纸，尤其是克数较高的复印纸吸水率只有15%，这样的复印纸作为绘制马克笔快速表现图用纸效果是比较好的。

（3）水彩纸

水彩纸有表面粗细两种质地之分，这两种质地的纸张都可以作为绘制马克笔快速表现图用纸。水彩纸的吸水率有高低之分，吸水率高的水彩纸宜表现湿画法；吸水率低的水彩纸则宜表现干画法。质地粗糙、纹路较大的水彩纸还可以专门用来画较粗糙的地面或物体：然而无论是吸水率的高与低、纸面的粗糙与滑顺，水彩纸、尤其是高质量的水彩纸均可以为设计师利用多种颜料与材料，诸如蛋清、丙烯、水彩、水粉，透明水彩等，来实现快速设计表现效果提供任意创作的空间。

（4）白卡纸

白卡纸表面为白色复合纸面，光滑、吸水率有限且适中，是一种作为绘制马克笔快速表现图的理想用纸。白卡纸的背面是灰面纸基，这种纸基吸水率高，吸到一定程度后会令纸张变形，但如果运用处理得当，就会产生意想不到的湿画效果。

（5）有色卡纸

有色卡纸是用优等纸浆制造并具备各种不同明度、色相、彩度的卡纸。它的特点是挺拔、不易变皱．并具有表现力强的特点。各种不同质地、不同色调的彩色卡纸，可以让设计师根据所设计的内容与风格等去任意发挥。

（6）铜版纸

铜版纸（玻璃卡）在400g以上的一般比较适用，在铜版纸上绘制马克笔快速表现图，能避免其他纸面能画较大幅面的马克笔表现图的不足，但深入过程中易变形，最好的办法是将画稿在纸面上固定后，将铜版纸裱起来再去着色，这样可以取得色彩鲜艳、明亮、透明、生动的快速表现效果。

3. 勾线笔

勾线笔主要用来勾画针管笔、马克笔快速效果表现图的底稿，有绘图用的针管笔和钢珠笔等类型（图6－1－3）。

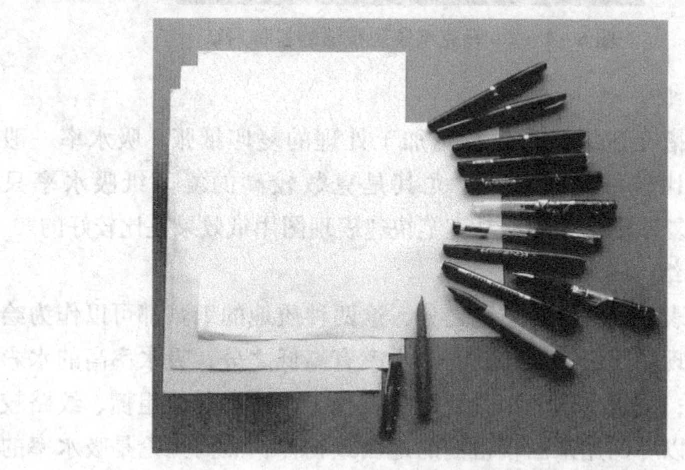

图6－1－3　马克笔表现技法用的各种勾线笔

（1）针管笔

我们常见的针管笔有上海产“英雄”牌绘图笔、德国产“红环”笔。这些专业绘图笔一般多用专业墨水，其墨水的化学溶剂结构稳定，能够与纸基牢固结合，并可很好地控制各种颜料的马克笔笔头不拖墨色。

（2）钢珠笔

钢珠笔笔尖前端有微型钢珠，在书写的过程中不断将颜料带出笔芯而形成笔迹。现在市场上出售的钢珠笔样式很多，选用一支上等优质钢珠油性笔芯可以达到比较好的勾稿效果。

4. 透明直尺

用马克笔作画，当排一些过长的直线时，需借助各种绘图工具来辅助，这样才能画出许多徒手直线不易表现出来的画面效果。但若用这些工具辅助作画，就必须准备一块抹布，便于随时将透明直尺上画线时出现的颜色污迹擦去，以免继续作图时污染快速效果表现图的画面。

此外，马克笔表现技法的其他辅助工具材料还有裁纸刀、胶带纸、拷贝纸、丁字尺、三角板、曲线板与圆规等（图6－1－4），均可用于作画的实际需要。

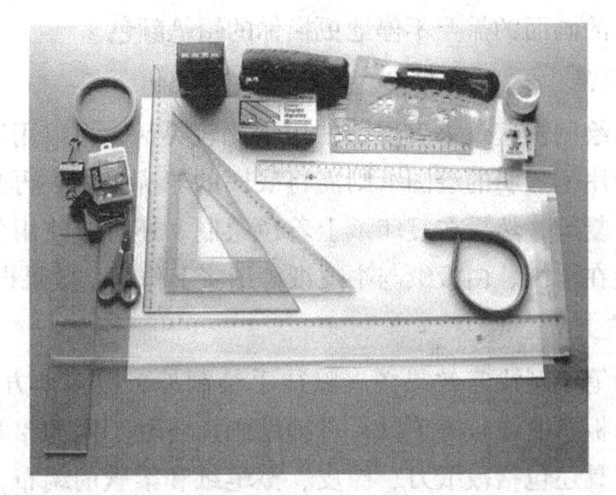

图6－1－4　马克笔表现技法用的各种直尺及辅助工具

（二）彩色铅笔技法快速效果表现的工具

用彩色铅笔绘制快速效果表现图的工具材料，主要包括各种彩色铅笔、绘图用纸和其他辅助工具材料等（图6－1－5）。

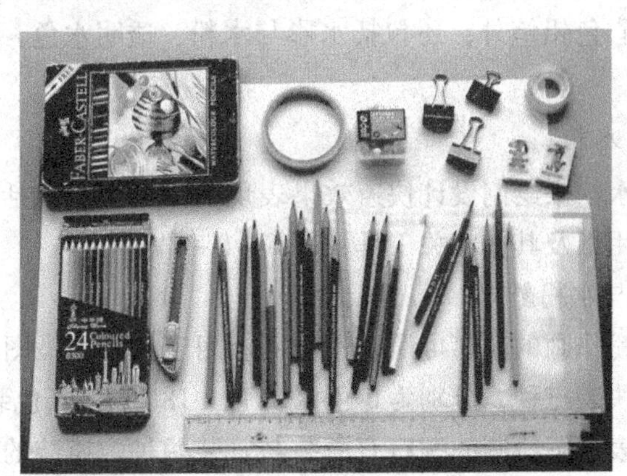

图6－1－5　彩色铅笔技法快速效果表现得工具

1. 彩色铅笔

目前市场上出售的彩色铅笔主要有12色、18色、24色和36色装四种类型。从产地上分，一般有中国大陆产、中国台湾产、德国产的三种；从性质上分，有油性和水溶性两种。组合起来有：中国大陆产油性铅笔、中国大陆产水溶性铅笔、中国台湾产油性铅笔、德国产油性铅笔、德国产水溶性铅笔五种选择。

在绘制过程中，每种彩色铅笔的颜色都是固定的，并不能去改变，作画者要根据你的画面的需要不停地更换你的铅笔颜色。

2. 绘图用纸

彩色铅笔绘制快速效果表现图的用纸比较灵活，可以用绘图纸，也可用描图纸。若用不透明的绘图纸则需将底图的轮廓描上去再画，也可将画好的底图进行复印，然后在复印纸上着色绘制，还可以使用各种浅专色调的色纸，并能在卡纸、白板纸与牛皮纸等纸张上作画，效果也很不错。

3. 透明直尺

用彩色铅笔绘制快速效果图，除徒手绘制外，很多地方也需用直尺、丁字尺、三角板、曲线板等工具，可辅助画出各种不同的铅笔线条。其他的绘图辅助工具还包括裁纸刀、橡皮、擦笔纸和柔软的绸布，以及铅笔固定剂等。

（三）综合技法快速效果表现的工具

综合技法或称混合画法，它是综合采用各种绘画工具与材料进行城市环境艺术设计快速效果的表现技法。综合技法快速效果表现的工具除了前面介绍的马克笔与彩色铅笔外，还包括水彩与水粉、透明水色、喷绘用具和炭笔等。

1. 水彩与水粉

用水彩与水粉来绘制设计快速效果表现的作画工具包括，水彩与水粉颜料、画笔、用纸及其他相关工具（图6-1-6）。

（1）水彩与水粉颜料

水彩与水粉作画的颜料可谓各不相同。用于水彩渲染图绘制的颜料有瓶装、袋装和块装三种，分别为6色、12色、18色和24色装四种。

用于水粉表现图绘制的颜料有瓶装与管装两种，瓶装的颗粒较粗，管装的颗粒细腻，是绘制水粉设计表现图最主要的作画颜色。水粉颜料一种是盒装的12色、18色、24色锡管颜料；另一种是锡管较粗的单色盒装颜料，适合于经常作画及绘制幅面较大的表现画时使用；此外还有一种瓶装的水粉浓缩颜料，颜色非常细腻，同样适合于用来绘制水粉快速设计效果

图6－1－6　水彩水粉技法快速效果表现的工具

表现图。

（2）水彩与水粉画笔

水彩与水粉画的画笔也有差别。通常水彩渲染的画笔主要选用水彩画笔，也可选用国画与书法的毛笔。作水彩渲染时需配备大、中、小两种型号的画笔，其中大白云或中白云应有两支，一支用于渲水、一支用于渲色。此外再准备一支狼毫小笔，如点梅、叶筋以便用来画细部，另外还需一支底纹笔和一把板刷，用于大面积的渲染，使渲染的时候能够更加方便。

用于水粉表现图绘制的画笔最好选用专门的水粉画笔，这种水粉笔比油画笔软，但比水彩画笔又稍硬，正好适合于水粉颜色的稠度。水粉画笔也有羊毫与狼毫之分，羊毫较软，狼毫较硬且富有弹性。水粉画笔有成套装和散支装两种，笔号从0～12号排入，作画者可依据需要选购。另外还可选择几支毛笔、画工笔、国画的衣纹笔来刻画细部，也可选择一些油画笔，以及一两支底纹笔和排刷来满足作画时的各种使用需要。

（3）水彩与水粉用纸

水彩与水粉画的用纸也不一样。一般水彩渲染的用纸比较讲究，纸质的优劣直接关系到渲染时水与色的表现及其把握的难易程度，甚至关系到整幅渲染图整体的成败。其判断的标准首先是用纸要白，画面中的亮部还有待保留出的空白处来表示；其次水彩用纸表面要能够存水，要求纸的表面有一定的纹路，既有一定的吸水性，又不过于渗水，并要求纸能够稍厚一些。

水粉表现图绘制的用纸要求并不非常严格，其选择比较灵活，通常除太薄、吸水性太强的纸以外，一般的绘图纸张均可作为水粉表现图绘制的用纸。特别是各种有色纸张，使用厚画法时即可以遮盖住纸色，使用薄画法时即可隐约地透露纸色，若厚薄并用，还可给画面带来既协调又丰富的艺术效果。

（4）水彩与水粉用水

绘制水彩与水粉画均需用水。水彩渲染是通过水和颜料调和来进行设计表现，一般靠水分的多少来控制画面。在进行渲染及表现色彩层次时，调配颜色用水溶解，水色渗化交融，从而使画面产生色彩淋漓、流畅湿润的艺术效果。另外还要用水来做清笔之用，在渲染过程中应及时更换清笔用水，以免因水分中混杂的成分而影响画面的表现效果。

绘制水粉表现图与水彩画一样，同样需用清水来调配颜色，尤其在采用薄画法绘制时，水粉快速效果表现图也可以画得水色淋漓，从而达到与水彩渲染相同的艺术效果，并且水粉颜色更加鲜明、诱人。只是对于水粉颜色来说，水的作用主要是用来调配其颜色的稠度，故两者用水的作用是有所不同的。

（5）水彩与水粉用的调色盒

水彩与水粉用的调色盒相同，其性能以不受渗透性颜色污染为好。目前市场上出售的一种带有弹性的白色塑料调色盒，格子大且数量多，又不易让颜料相互渗透，是一种较好的调色盒。只是一般调色盒太小，尤其是绘制水粉表现图时往往显得不够用，这样最好配备几个调色盘，如白色的搪瓷盘即可。另外一些面积较大的画面涂色，还需准备一些较大的容器用来盛色。

（6）其他工具

绘制水彩与水粉快速效果表现时，还需将纸裱在画板上，因此画板也是其重要的作画工具。另外还需一个储水瓶、洗笔罐、一块海绵和一个喷水壶，用来喷洒水雾湿润渲染用纸，可配备一个电吹风，以加快画面的干燥速度。其他辅助材料还有勾画底稿的铅笔、刀片，裱纸用的浆糊，防止灰尘的白色盖板布等用具，它们都是作画时必须的工具。此外，绘制水粉快速效果设计表现图还需准备一把界尺和用于绘制曲线的曲线板、画圆的圆规、作直线的直尺与三角板等，还有用于做色彩点缀的水性彩色笔与马克笔、彩色铅笔、色粉笔等，以及裁纸用的美工刀等用品和一些新型的作画用具。

2. 透明水色

透明水色是用于照片着色与绘制幻灯片的用色，其色彩明快鲜艳，颜色颗粒细，透明度强，比水彩颜色更为透明清秀，适合于快速表现（图6-1-7）。

透明水色目前有两种。一种为纸形，有本装与单页，作画时蘸水调和即可，只是在绘制时要保持纸面的清洁，以免渲染后出现痕迹；还有一种是瓶装的，分12色、18色、24色等成盒套装，这种瓶装的多为彩色墨水，既可用来给彩色水笔加色，也可用来作为快速效果表现的着画水色，若与不同量的净水或彩色墨水相互调和，还可绘制出色彩丰富与艳丽的快速效果表现作品来。

图6-1-7　透明水色技法快速效果表现的工具

3. 喷绘用具

快速表现中运用喷绘技法的工具主要包括喷绘器具、喷绘颜料、阻挡材料和其他用具等（图6-1-8），其中喷绘器具包括喷笔、软管和空气压缩机或压缩空气罐等物品。喷绘使用的颜料非常广泛，并没有十分严格的限制，喷笔有不同的型号，一般用于喷绘设计表现图的是喷嘴小口径的喷笔，选用水性系列颜料，主要有水彩颜料、透明水色、水粉颜料等。喷笔绘制使用的纸张通常要求表面平整、质地坚挺且吸水性较好，基本上要求颜料在纸上附着均匀，不会流淌、渗化即可。为了特殊的表现效果的实现，也可选用一些粗纹理的纸张与其他材料来进行喷绘。阻挡材料有二种，一种为表面涂有粘接剂的透明胶膜；一种为作画者根据图形用白板纸、卡片纸、塑料薄板与透明胶片自己加工制作的。

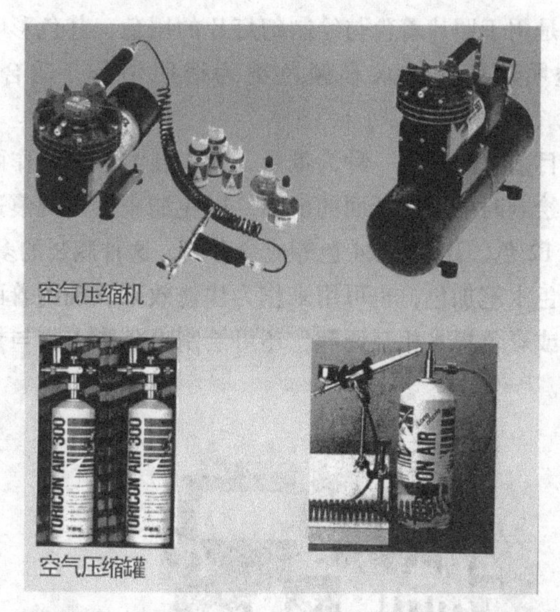

图6-1-8　快速效果表现中应用喷绘技法的工具

4. 炭笔

这里所说的炭笔主要是指炭铅笔、炭精条和木炭条三种（图6-1-9）。

炭铅笔颗粒较粗，硬度较铅笔大，运用炭铅笔可加强画面效果。

炭精条的硬度也较大，但颗粒较小，可表现出非常硬挺的效果。它们均有黑色与褐色等颜色，使用时可根据所表现对象的具体需要进行选择。

木炭条一般由柳条烧制而成，有粗、细、软、硬之区别，可用于铺大效果，使整幅画面保持一种松动的印象，但一般不宜在最后调整画面时大

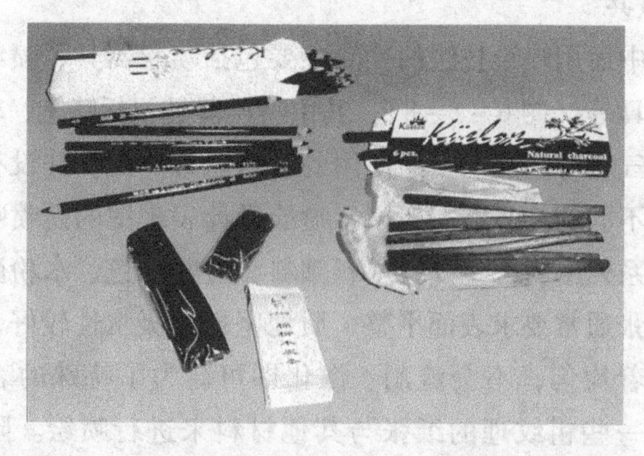

图6-1-9　快速效果表现中应用炭笔技法的工具

面积使用。

用炭笔作画可涂、可抹、可擦，亦可做线条或块面处理，直至做出非常丰富的色彩调子变化，所以传统素描学习，均以炭笔作为初学者的练习工具。

二、城市环境艺术设计快速效果表现的要点

城市环境艺术设计方面的快速效果表现技法主要包括有马克笔快速效果表现技法、彩色铅笔快速效果表现技法两类，其作画要点也各有不同。绘制过程中必须逐步掌握其表现的特点、作画的方法和绘制的步骤，并经过反复的练习与摸索，方可掌握其表现的要点。

（一）马克笔快速效果表现的要点

1. 马克笔表现技法的特点

马克笔是近年来从国外进口的一种绘图用笔，它类似于塑料彩笔，其笔头斜方形，可画粗细不同的线条，颜色从深到浅、从纯到灰，约有100多种。由于马克笔具有色彩丰富、着色简便、风格豪放和成图迅速的特征，因此深受广大设计师的欢迎，尤其是用于快速马克笔表现图的绘制，具有其他表现技法无可比拟的优势。马克笔有油性与水性之分，两种类型在颜色方面透明度都高，相互叠加后会产生许多令人想象不到的、丰富而微妙的色彩效果（图6－1－10）。

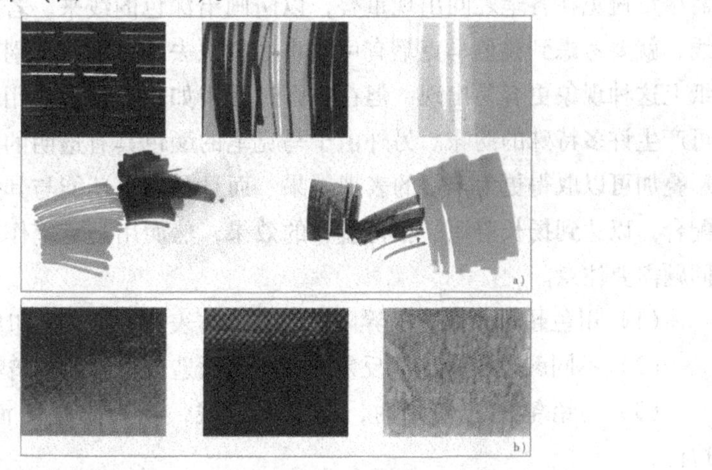

图6－1－10 马克笔表现技法的特点

a）马克笔的笔法；b）马克笔涂在各种纸面上的效果

马克笔颜色构成的成分主要以甲苯和三甲苯所制成，其颜色挥发性很高。正是由于马克笔颜色具有这样的特点，所以用马克笔绘制表现图特别方便。用马克笔作画，其颜色浓重、笔触明显、笔笔轨迹清晰，尤其是在不吸油的纸上作画，能更好地将马克笔作画的特点显示出来。在作画中，不同色彩的笔触可以相互重叠，有时还能覆盖前面的颜色，有时也能通过叠加产生另一种颜色来。若用淡色油性马克笔来作画还可以“清洗”掉前几种色彩，并且在“重叠”“遮盖”“清洗”的同时，产生出色彩渐变的效果。

由于马克笔宽度上的限制及经济上的因素，通常用于马克笔的画幅都不宜过大，多以 2 号以下的图纸绘制，最大也不宜超过 1 号图纸的图幅大小。另外因为马克笔的颜色是一种易挥发的油性颜料，所以长时间作画过程中不要间隔停顿太久，画完一种颜色后，应立即将该笔的笔帽盖好，以免颜料挥发损失。

油性与水性马克笔的颜色均为透明色彩，所以在绘制时易于与其他绘图工具（如彩色铅笔、铅笔、透明水色、水彩与水粉及各色塑料笔）混合使用作画，从而产生许多令人耳目一新的表现效果。

2. *用马克笔作画的方法*

用马克笔绘制城市环境艺术设计快速效果表现图，一般先用铅笔将其轮廓线画好，再用马克笔从浅到深地着色（图 6 - 1 - 11）。上色时应注意把色彩找准，尽量一次画完，马克笔绘制大面积时要一笔一笔地排线，且需尽量避免在各笔之间出现重叠，以防画出深色的线来。若在深色上画浅线，就要考虑到浅色马克笔有可能将底色洗去的可能，特别是在不吸水的纸上这种现象更容易出现，但在作画过程中如能很好地利用这种特性，则可产生许多特殊的韵味。另外由于马克笔的颜色具有透明的特点，通过色彩叠加可以取得更为丰富的表现效果。而且马克笔还能与其他表现手法相配合，以达到扬长避短、相得益彰的效果，然而用马克笔作画有以下一些问题需要注意。

（1）用色超过画面边框界限，给人形体表达不准确的印象。

（2）不同颜色的马克笔反复涂刷，从而造成色彩的灰暗和混浊。

（3）与铅笔混合使用时，铅笔线过浅，让人感觉图面没有明显的边框。

（4）图面用色太多造成色调不统一，而显得有些杂乱无章。

（5）用马克笔画过于细小的东西难于施展其表现的特点。

以上几点对于初学者非常重要，也是用马克笔作画过程中需要了解与注意的，以避免在作画学习进程中走一些弯路。

图6－1－11　马克笔的作画方法

3. 绘制步骤

（1）用针管笔画出城市空间环境的轮廓，有条件的话可用复印机将其复印下来再画，这样就可防止线条跑墨而影响马克笔笔尖的色彩效果。同时利用复印机还可将要绘制的图形随意放大与缩小。

（2）用淡紫灰色与淡黄灰色概括地画出城市空间环境中建筑物的墙体，用淡蓝色画出玻璃的亮面，用湖蓝色、深蓝色画出玻璃幕墙的暗部及天空。

（3）用暗灰色画出地面，并用暗黄色画出地面的远近关系，以及远处的建筑。

(4) 用深色或暗色加重城市空间环境中建筑的暗部与阴影，但不要画得过深过死。

(5) 最后画出图中的人物、车辆与树木，包括天空的云彩等，全图即绘制完毕。

随着科技进步和表现工具的不断发展，马克笔今天已经开始广泛地被城市环境艺术及相关专业的设计师们采用。目前许多新的马克笔品种已开始出现，如可涂可喷的马克笔，另还有一种溶剂可擦去马克笔画错的地方，还有成本的马克笔纸，撕下即可使用。所有这些无疑都将为马克笔快速效果表现图的绘制提供广阔的表现舞台与崭新的天地（图6－1－12）。

图6－1－12　用马克笔绘图的步骤

a）起稿；b）着色；c）完成画稿

（二）彩色铅笔快速效果表现的要点

1. 彩色铅笔表现技法的特点

铅笔是作画最为基本的工具之一。由于它价格低廉、使用便利、携带方便，又易于表现出深与浅、粗与细等不同类型的线条，以及由这些线条所组成的画面，因此它就成为速写与素描的重要作图工具。

正因为铅笔作画的技法比较容易掌握，加上画起来方便快捷，而且还可以随意修改，所以设计人员多用它来作草图与推敲研究设计方案。用铅笔作正式的快速效果表现图，同样也可以取得良好且丰富的表现效果。只是仅仅使用一般的铅笔，只能表现出城市空间环境的素描关系，却不能将其色彩效果反映出来，这样运用彩色铅笔无疑就为城市空间环境表现提供了更为广阔的表现天地（图6－1－13）。

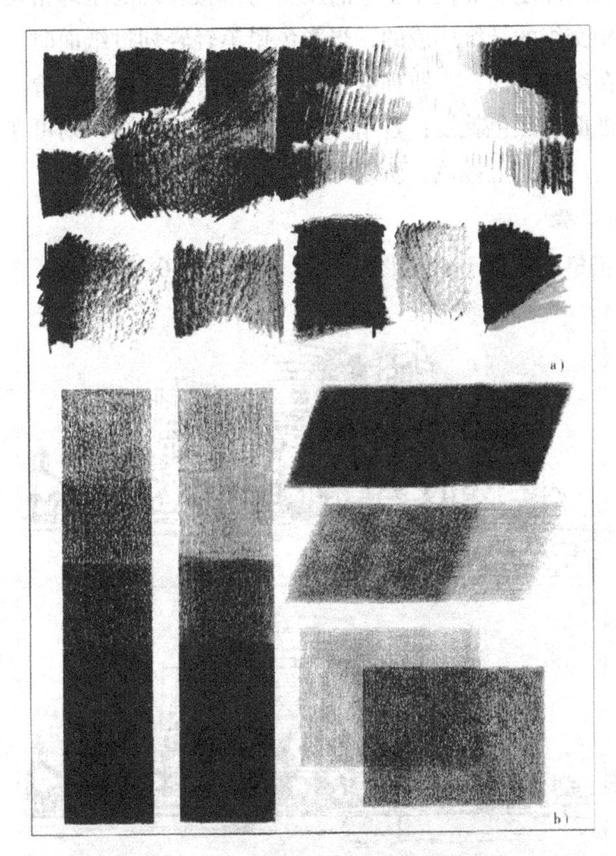

图6－1－13　彩色铅笔表现技法的特点

a）彩色铅笔的基本笔法；b）彩色铅笔的表现特点

用彩色铅笔绘制快速效果表现图，从技法来讲它与绘制一般的铅笔设计表现图没有多少区别，只是彩色铅笔的表现特点主要表现在它能反映出设计表现图的基本色彩关系，同时彩色铅笔的颜色还具有透明性，也正是由于彩色铅笔的这种透明性质，使其能在一个铅笔的色调上面覆盖另一个铅笔的色调，从而产生出新的色调效果。而且彩色铅笔还具有附着力强、不易擦脏、经过处理以后便于保存等优势。

2. 作画要领

在用彩色铅笔绘制快速效果表现图的过程中，初学者学习使用彩色铅笔作画主要依靠掌握铅笔的压力与运用纸张的肌理来控制色彩。运用彩色铅笔的压力能够影响其色调在画面上的纯度，若轻压就会产生浅淡的颜色，重压就会加强色彩的浓度。而使用铅笔的压力与纸张表现的肌理密切相关，通常纸张是由互相交织的纤维构成的，当彩色铅笔轻轻划过纸面时，彩色铅笔的颜色仅附着在纸张表面，有肌理纸张的低谷处常常就没有附着上彩色铅笔的颜色，因此纸面的颜色就浅；若用力重压彩色铅笔作画，则可在有肌理的纸面与其低谷里均覆盖上颜色，所以颜色就深。

3. 绘制步骤

用彩色铅笔绘制设计表现图的基本步骤（图 6－1－14）。

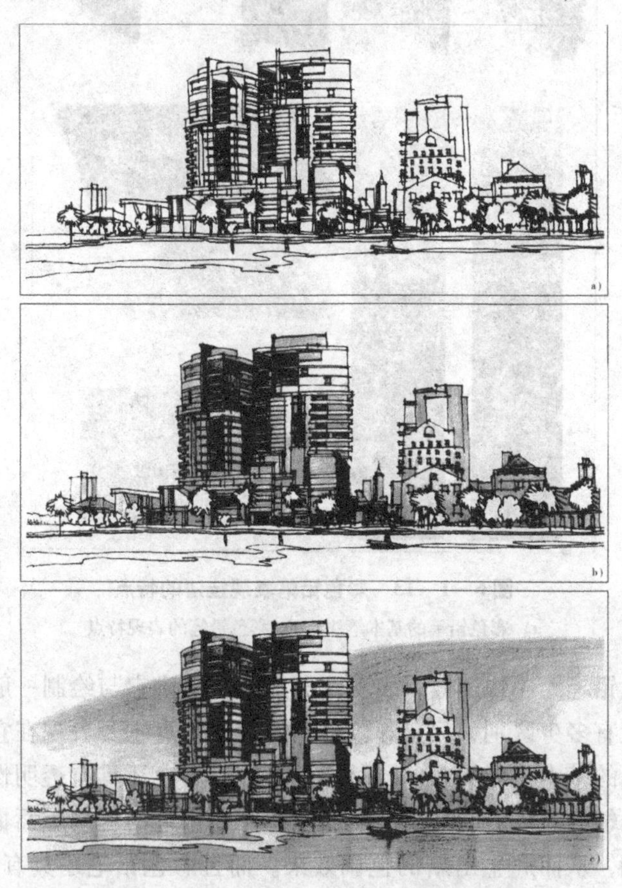

图 6－1－14　彩色铅笔表现技法的绘制步骤

a）起稿；b）着色；c）完成画稿

（1）通常用颜色较深的软铅笔或绘图钢笔画出城市空间环境的轮廓，也可以使用复印机将画好轮廓线条的底图复印出来，然后再用彩色铅笔在复印图上着色上彩。

（2）着色时可先将天空的色彩画出，其运笔要放松，速度可稍快一些，颜色不要侵入建筑的轮廓范围；其后开始涂画城市空间环境中建筑物的玻璃，由玻璃可以看到室内的照明、家具、陈设等明亮的部分。涂画建筑物墙体的色彩时，要把建筑屋顶、人口、窗户及各种设施的阴影颜色都表现出来，再将建筑物所处地面的色彩画出，注意整个画面主体色彩的把握。

（3）用彩色铅笔对画面的局部进行深入的刻画，包括建筑主体表面各种材料的色彩与质感，以及周围的各种配景，如相邻的建筑、树丛、花草、山石等，然后再对交通工具、人物等进行点缀，并注意数量与构图上的均衡感。完成这些工作后，最后还应对整个画面的色彩进行调整，使其能统一排布在有一定倾向色彩的颜色基调之中。

以上绘制工作完成后，彩色铅笔绘制快速效果表现图的任务就基本完成了，然后可对作品进行装裱。

当然，在具体的绘制工作中，作画者可根据不同的表现对象及内容进行步骤上的调整。若初学者刚开始临摹彩色铅笔范画作品，与学习其他表现技法一样，应按照要求的步骤来画，待操作熟练后再变通，以形成自己的表现特色。

第二节　环境艺术设计透视图及其画法

一、室内设计透视图及其画法

透视图是以作画者的眼睛为中心做出的空间物体在画面上的中心投影。它具有将三维的空间物体转换成便于表达到画面上的二维图像的作用，它是评价一个设计方案的好方法。若想绘制理想的透视图，就必须重视透视图的科学性，应按照透视的基本规律，运用科学的作图方法进行绘制，才能使透视图中的物象而形象真实地将其形体结构与空间的关系体现出来。

透视图的目的在于将所设计的室内空间更为立体、准确地表现出来，它是以最快的视觉语言向客户充分说明设计师的设计意图和目的的表现手段。按照几何学的说法，任何形体都是由点积聚而成的，所以用透视法的“直接法”求形体上的若干个点，将这些已求好的点连接，即可得到透视图。但用此方法有时会因物体的形状而导致作图相当困难，也不易求得很正确的透视关系，因此求点的直接法多作为辅助方法，而一般所采用的方法是求消失点的作图方法，即先求直线的消失点，然后求直线透视图，再决定必要的点和长度，如此便能求得正确的透视图。

掌握正确的、简单易操作的透视规律和方法，对于手绘表现至关重要。根据消失点的数量，室内常用的透视方法可分为一点透视、两点透视、三点透视。多练习透视方法会使人产生良好的透视空间感，透视感觉的好坏也往往与表现图的构图和空间的体量关系息息相关，好的空间透视关系决定了好的画面构图。

下面是透视学中的常用术语及其含义。

（1）立点（SP），观察者所处的位置，也称足点。

（2）视点（EP），观察者眼睛的位置（一般在立点 SP 上部的某一点）。

（3）视高（EL），观察者的眼睛距基面的高度，也是视点 EP 与立点 SP 之间的距离。

（4）视平线（HL），观察物体时眼睛的高度线，又称眼睛在画面高度的水平线。

（5）足线（FL），是求取物体在透视中的深度，由物体各点向 SP 点的连线。

（6）画面（PP），位于观察者与物体间的假设的（透明）平面，或称垂直投影面。

（7）基面（GP），承受物体的平面。

（8）基线（GL），画面与基面的交界线。

（9）视心（CV），视点在画面上的投影点．

（10）灭点（VP），与基面平行，但不与基线平行的若干条线在无穷远处汇集的点即为灭点。

（一）一点透视画法

一点透视也称为“平行透视”，它是一种最基本的透视作图方法，即当室内空间中的一个主要立面平行于画面，而其他面垂直于画面，并只有一个消失点的透视就是平行透视。这种透视表现范围广、纵深感强，适合表现庄重、稳定、宁静的内部空间环境，但如果处理不当也会失真，例如当展开面过宽时，超出正常视角的部分则会产生失真的现象。一点透视画法方便、快捷，一般使用丁字尺与三角板等工具配合完成。

1. 画图准备

（1）画出图 6－2－1 中由视点 EP 所见到 A 墙面的室内透视图。

（2）所练习题目的相关信息如下。

①在平面图中按照 1∶50 的比例绘制透视图中所用的基准网格，也就是通过 1、2、3、4，d_1、d_2、d_3各点的直线，各个点之间的距离相等，房间具体的尺寸如图 6－2－1 所示。

②画天花板两侧的边棚部分，其高度为－100mm，边棚边界用虚线表示。

③平面图中所包含的物体有：床尺寸为 1800×2000×H450；床头柜尺寸为 700×450×H600；衣柜尺寸为 600×1500×H2000。

④将室内的天花板的高度定为 2600mm，窗高 1000mm，窗台高 1000mm。

⑤视点 EP 位置可在平面图下方的任意地方，其距离一般保持在与距离 A 墙面宽度相同的地方，这样可以较容易的画出室内透视图。

⑥将平面图中所用的符号、文字、尺寸标注好，其相应的准备工作就完成了。

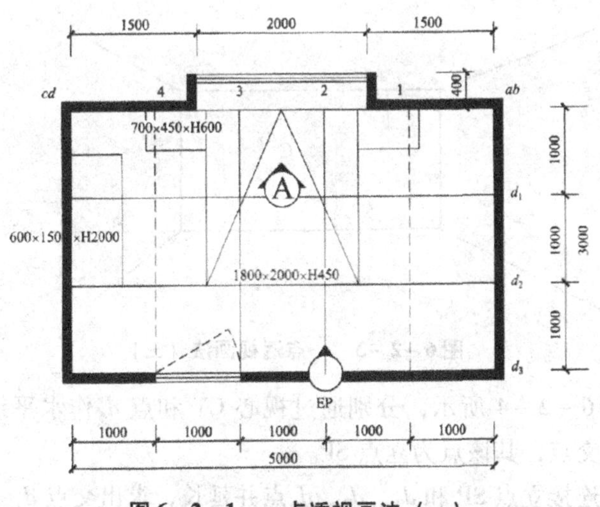

图 6－2－1　一点透视画法（一）

2. 画图步骤

（1）作出透视图中的基准网格

①如图 6－2－2 所示，在图纸的中央部分画出 A 墙面，墙面高、宽分别为 2600mm、5000mm。其比例可根据图纸的大小自由选择，在 A_3 的图纸上一般采用 1∶50 的比例较合适。

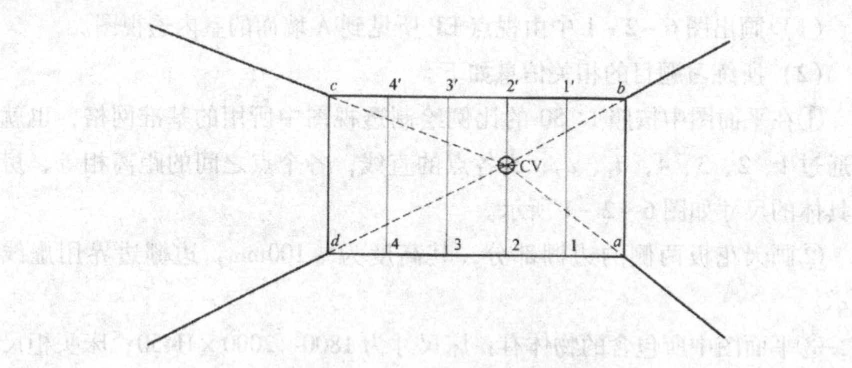

图 6－2－2　一点透视画法（二）

②在画面中确定视心 CV 的高度，通常采用眼睛的高度 1500mm 左右最为合适。按照平面图中视点 EP 的位置来确定视心 CV（即通过 2 点与 d_3 点的交点），在透视图中 22′上画出视心 CV，并将 CV 分别与 a、b、c、d 各点相连接。

③如图 6－2－3 所示，将线段 da 向右延长，并在延长线上按照平面图相应测量出 d_1、d_2、d_3 各点的距离。

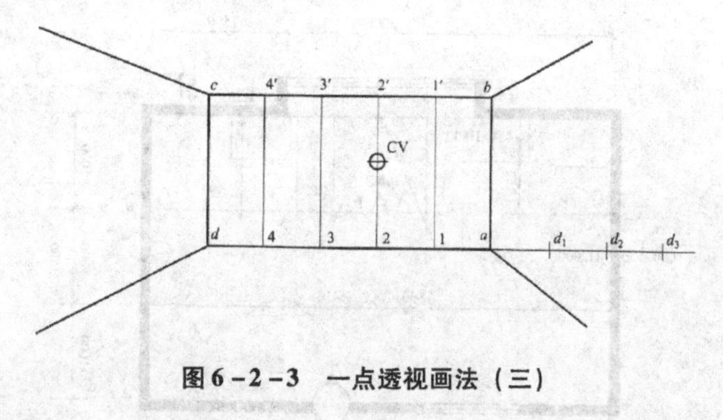

图 6－2－3　一点透视画法（三）

④如图 6－2－4 所示，分别通过视心 CV 和点 d_3 作水平线与垂直线，求出两线的交点，其该点为立点 SP。

⑤分别连接立点 SP 和 d_1、d_2、d_3 点并延长，求出交点 $d_{1'}$、$d_{2'}$。

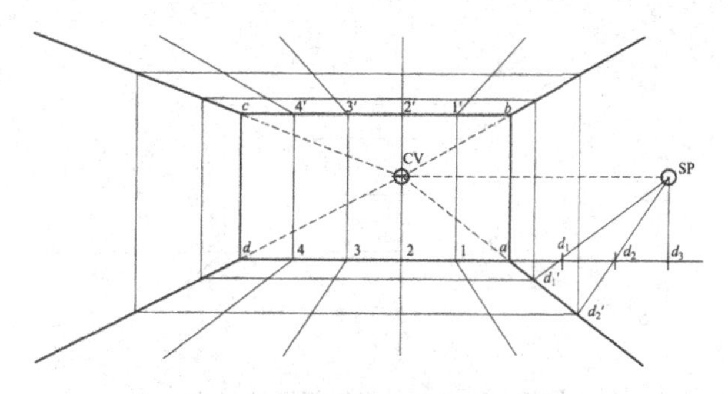

图 6－2－4　一点透视画法（四）

⑥分别通过点 $d_{1'}$、$d_{2'}$ 作水平线和垂直线，以表现空间的进深，从而画出空间中的基准网格。

⑦将视心 CV 分别和地板、天花板上各点（1、2、3、4，1′、2′、3′、4′）连接并做放射线，将其基准网格全部画完。

（2）画室内的窗户

①按照比例从 *ad* 线段向上测量出窗台高度 1000mm 与窗户高度 1000mm，并按照平面图确定窗户的长度，如图 6－2－5 所示。

②如图 6－2－6 所示，在确定窗户的进深 400mm 时，应按比例从 *a* 点向左侧量取 400mm，得到 *a*′，并将交点 *a*′与立点 SP 连接，然后连接点以和视心 CV，并与 *a*′～SP 交于一点 *a*″。通过 *a*″点做水平线，找到 3～4 点的中点并与视心 CV 连接，交于 4″点。分别将窗户四角边缘的点和 CV 的连线，得到四条透视线。通过 4″向上做垂线，并与其中的一条透视线交于一点 4‴，再通过 4‴分别作水平与垂直线，这样依次的进行连接，从而画出窗户的进深。

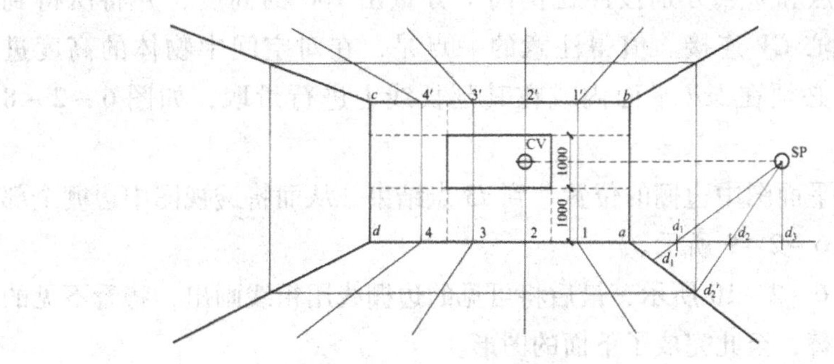

图 6－2－5　一点透视画法（五）

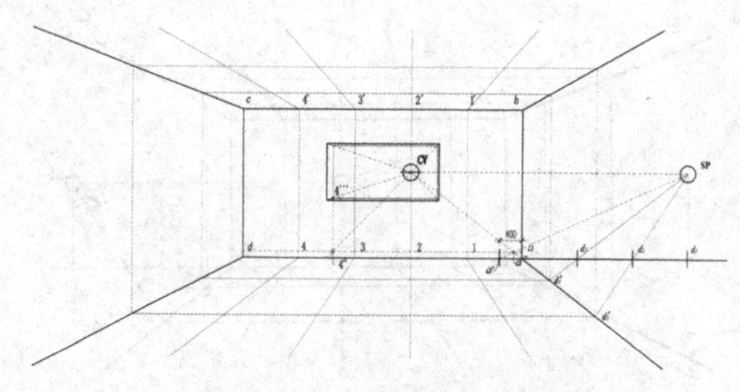

图 6-2-6 一点透视画法（六）

③最后，用粗线画出窗户所见的轮廓线，至此完成了（图 6-2-6）。

（3）画天花板中边棚部分（H = -100mm）

①从室内平面图中，我们可以看出 *ab* 点到 1 点与 *cd* 点到 4 点之间的部分就是天花板中的边棚部分，对应平面图的基准网格而找到透视图中的边棚基准网格的边缘并与视心 CV 相连，如图 6-2-7 所示。

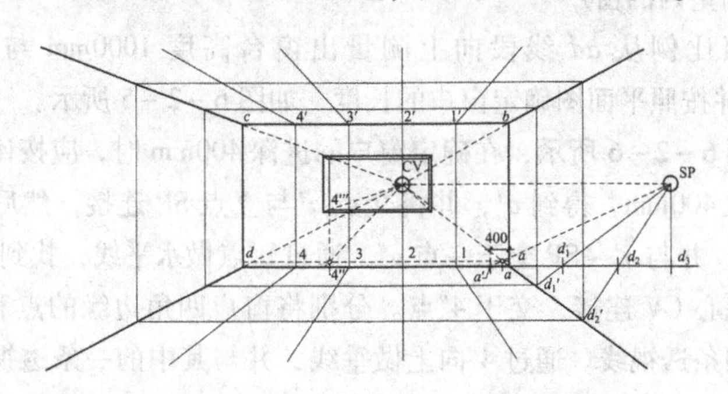

图 6-2-7 一点透视画法（七）

②从 *c* 点和 *b* 点分别按照比例向下方量出 100 的高度，并将所得到的各点与视心 *CV* 连接。值得注意的一点是，在对空间中物体的高度进行测量时，必须在 *bcd* 平面内或在其延长线上进行量取，如图 6-2-8 所示。

③依据平面图中边棚的位置，到 *d*3 点结束，从而将透视图中边棚全部画出，如图 6-2-9 所示。

④如图 6-2-10 所示，最后将可见的边棚线用粗线画出，将看不见的线用细线代替，至此完成了下面的图形。

（4）画地板上的物体（以床为例，其尺寸为 1800 × 2000 × H450）

将平面图上所有“物体”的位置分别平移在线 *ab* ~ *cd* 和 *ab* ~ d_3 线上，

如图 6 - 2 - 11 所画的虚线。

①按照平面图中的基准网格将床所在位置的各个点分别与透视图中各点的位置相对应起来，如在平面图可以量出床宽 1800mm 所在的具体位置，然后把这个具体的位置放置到透视图中 *ad* 上，并从 *ad* 向上量取床高 450mm，从而得到平面 *efgh* 与 *ehji*，如图 6 - 2 - 12 所示。

②分别通过点 *g*、*f* 视心 *CV* 相连，并作延长线。

③分别通过 *j*、*i* 点向上做垂线，并与 *g*、*f* 通过视心的连线交于 *L*、*K* 点。

④将所得到的各点用实线进行连接，此步骤将已画完物体（床）在空间中的透视效果，如图 6 - 2 - 13 所示。

按照以上方法，依照平面图中物体所在的位置关系，将床头柜和衣柜表现在透视图中，其相关步骤如图 6 - 2 - 14 到图 6 - 2 - 18 所示。图 6 - 2 - 19为一点透视的示意图，图 6 - 2 - 20 为在黑板上演示一点透视的画法。

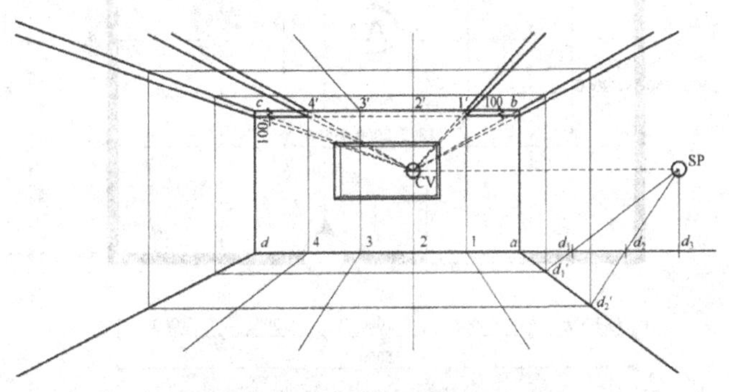

图 6 - 2 - 8　一点透视画法（八）

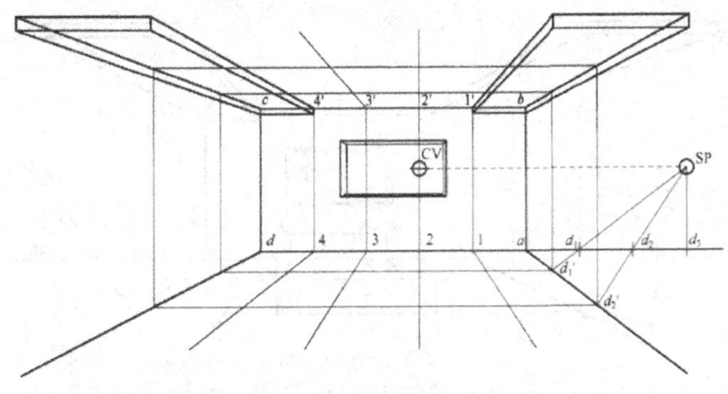

图 6 - 2 - 9　一点透视画法（九）

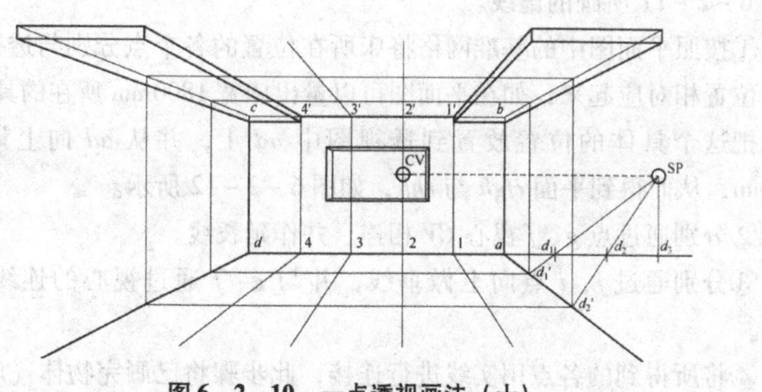

图 6-2-10　一点透视画法（十）

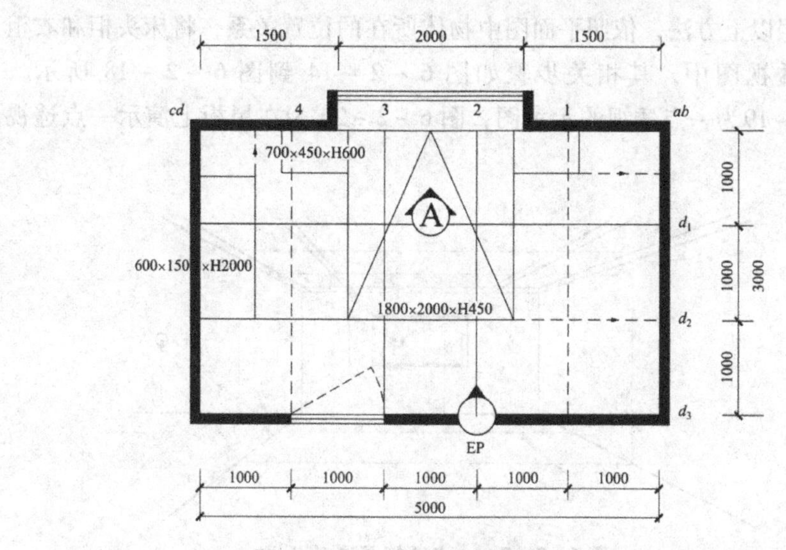

图 6-2-11　一点透视画法（十一）

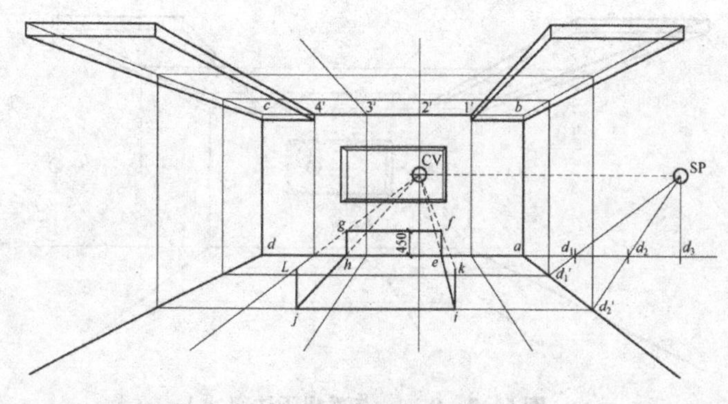

图 6-2-12　一点透视画法（十二）

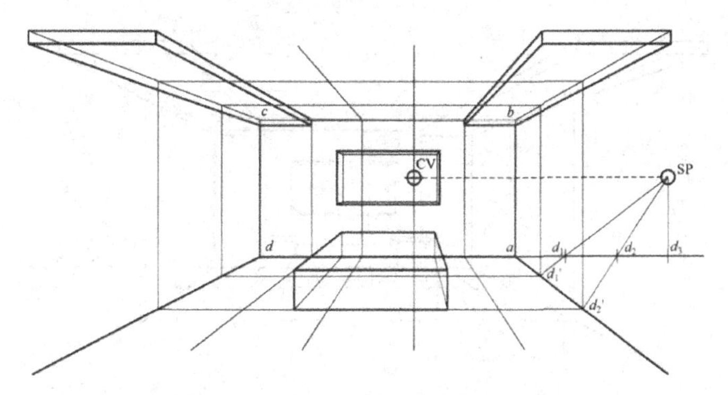

图 6－2－13　一点透视画法（十三）

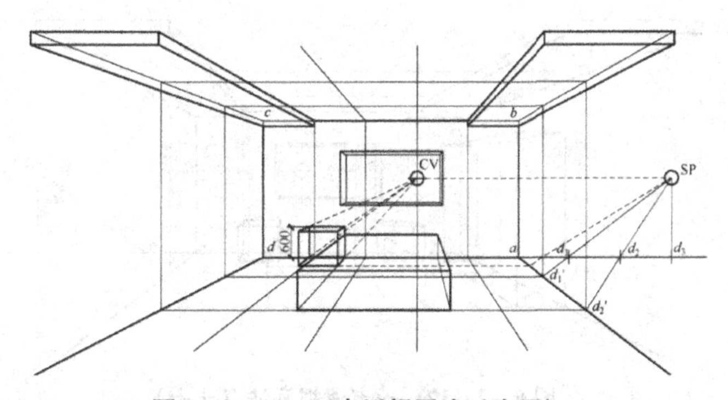

图 6－2－14　一点透视画法（十四）

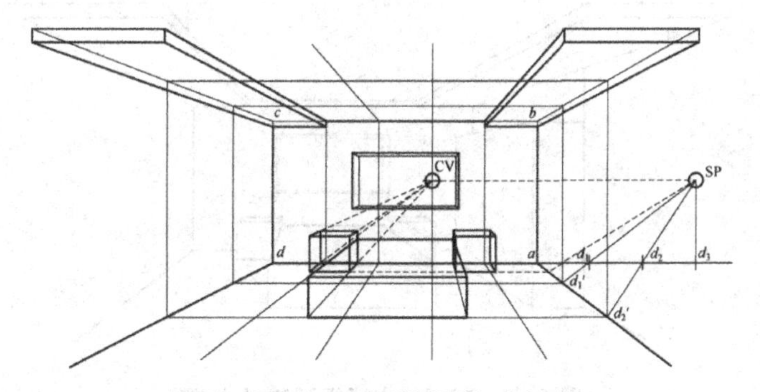

图 6－2－15　一点透视画法（十五）

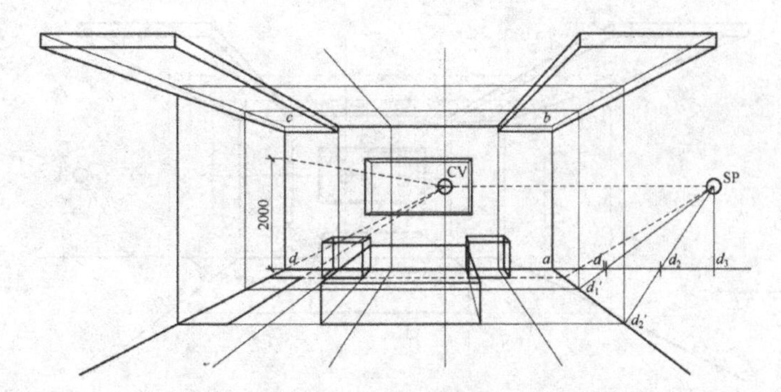

图 6－2－16　一点透视画法（十六）

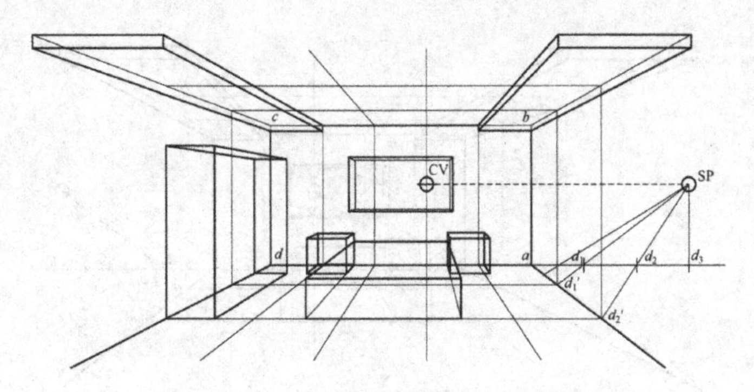

图 6－2－17　一点透视画法（十七）

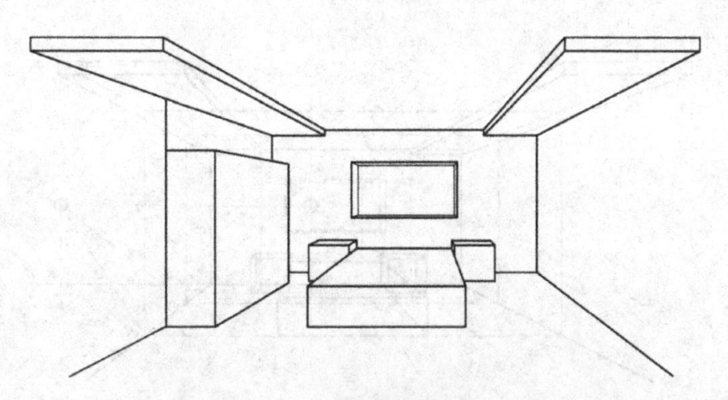

图 6－2－18　一点透视画法（十八）

图 6-2-19　一点透视示意图（作者：张红松）

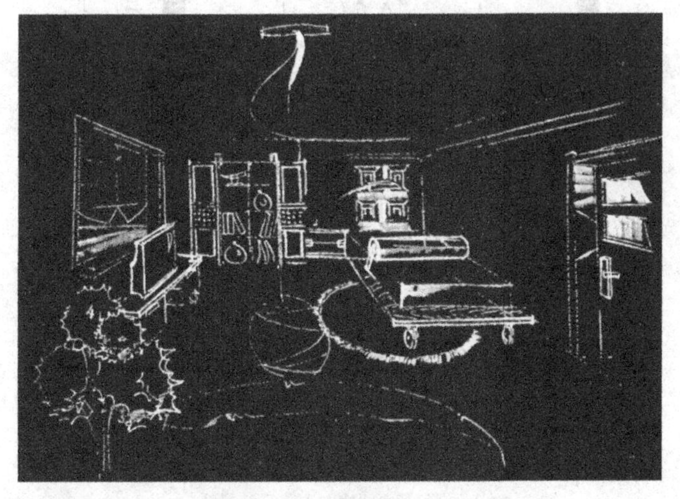

图 6-2-20　黑板演示一点透视画法（作者：官一兵）

3. 总结一点透视作图要领

（1）按照一定的比例，绘制平面图中的网格，以平面图中所绘制的网格为基础来确定透视图中“物体”的位置、大小，当确定物体的进深时，一定要在 d ~ a 线段的延长线上进行测量。

（2）室内透视图的图面大小可根据图纸纸张的大小而自由地选取比例来进行画图，最常用的比例为 1∶50 和 1∶30。

（二）一点变两点透视画法

一点变两点透视画法又称“微角透视作图”法，空间或物体与画面形成微小夹角而形成的一种视觉图样。它具有一点透视中能够看见为五个界面的特点，同时也具有成角透视的特征，此画法是在一点透视基础上做的两点透视，把主墙面的一边向一个方向倾斜，从而得到倾斜的墙面，其两个消失点分别在视平线上的画面内侧和画面外侧。

1. 画图准备

（1）画出图 6 -2 -21 中由视点 EP 所见到 A 方向的室内透视图。

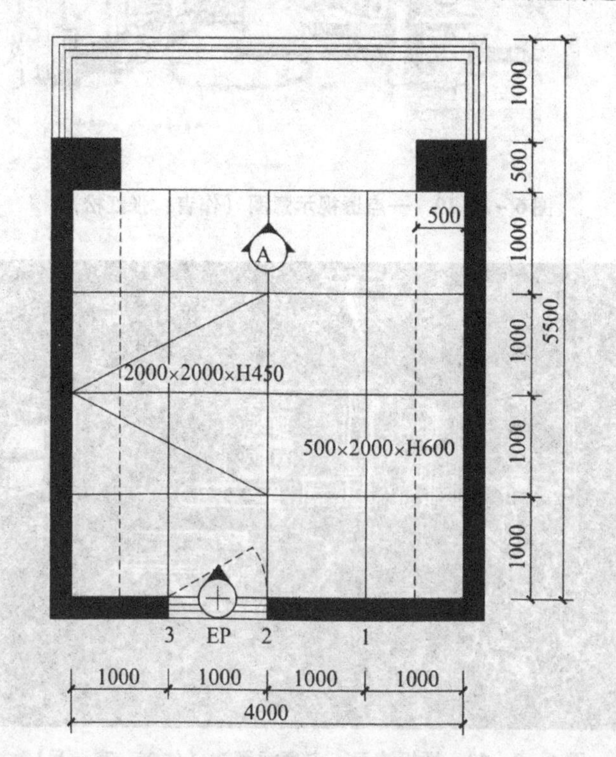

图 6 -2 -21　一点变两点透视画法（一）

（2）练习题目的相关信息

①在平面图中按照1∶50的比例绘制透视图中所用的基准网格，也就是图中相隔1000mm的垂直线与水平线。

②画天花板两侧的边棚，其高度为-100mm，并用虚线表示边棚部分。

③平面图中所包含的物体有：床，尺寸为1800×2000×H450；电视柜，尺寸为500×2000×H600。

④将室内的天花板的高度定为2600mm，窗台高300mm，窗高2000mm，进深尺寸如图所示。

⑤视点EP位置可在平面图下方的任意地方，此画法将EP定位在距离左端cd点为1500mm的位置上。

⑥将平面图中所用的符号、文字、尺寸标注好，其相应的准备工作就完成了。

2. 画图步骤

（1）作出透视图中的基准网格

①选用1∶50的比例，在A3图纸中央确立立面*abcd*，其*abcd*为空间中真实的高度与宽度，因此依据平面图，*ad*=4000mm、*ab*=2600mm，并以*ad*为底边向上量取1500mm高度的水平线为视平线HL，如图6-2-22所示。

②做*ad*与*bc*的等分点，分别得到1、2、3点。从*d*点向右侧量取1500mm，并向上做垂线，与视平线HL交于一点，该点为视心点CV。

③定立点SP，其位置在*cd*线外，并在水平线HL的任意位置。

④量取*cd*的中点*O*，并与视心CV相连接。

⑤确定*a*′、*b*′，其*a*′*b*′的长度一般等于3/4的*ab*较合适，将*a*′、*d*，*b*′、*c*进行连接，从而得到新的倾斜墙面*a*′*b*′*cd*。

⑥分别将1、2、3点与CV相连接，与*a*′*d*相交于1′、2′、3′，再分别通过*a*′、1′、2′、3′、*d*与立点SP相连接，从而得到*a*′~SP与*d*~CV的交点*d*，也得到*a*′~SP与2′~CV的交点m（m为图中所画室内地面的中点位置），如图6-2-23所示。

⑦连接*d*点与*m*点并延长与*a*′~CV交于一点为*a*″，通过以上步骤所到的*a*″、*d*′分别向上做垂线，并交于*b*、*c*′。

⑧将空间中所得到的各点连接，从而画出一点斜透视的空间网格，如图6-2-24所示。

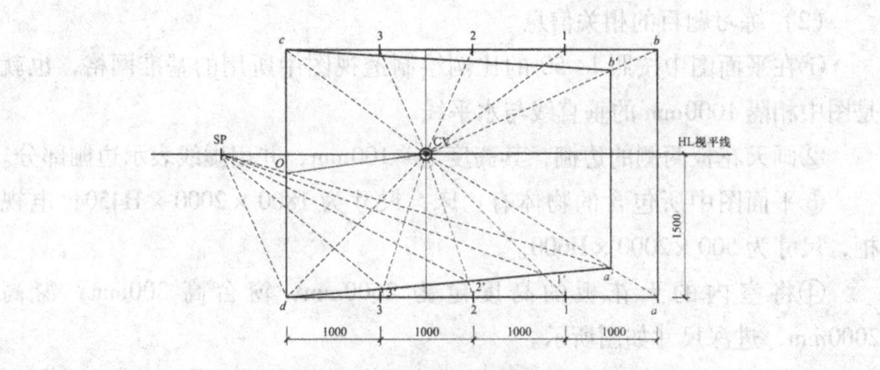

图 6-2-22　一点变两点透视画法（二）

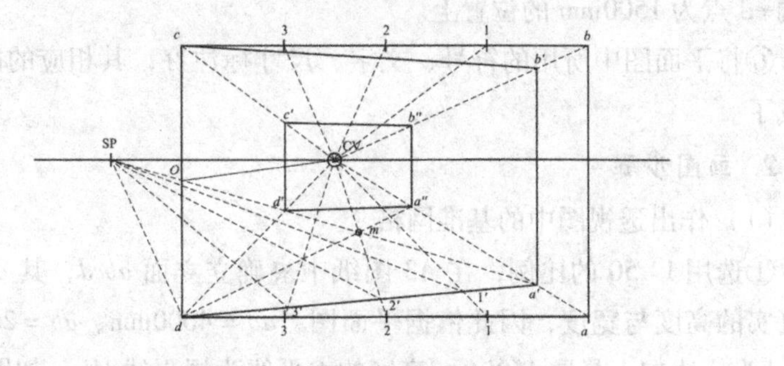

图 6-2-23　一点变两点透视画法（三）

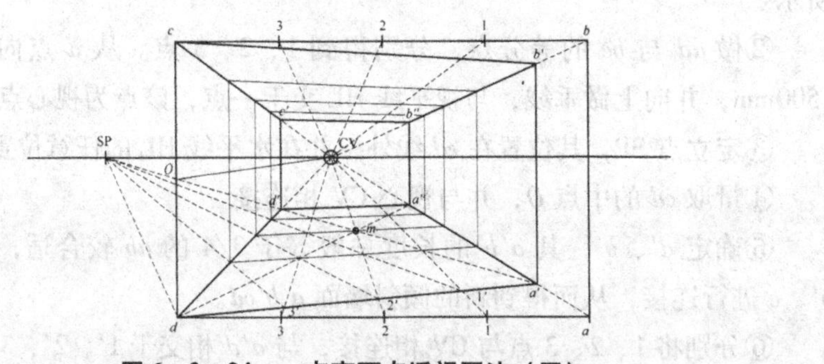

图 6-2-24　一点变两点透视画法（四）

（2）画阳台及飘窗

①如平面图所示，阳台的进深为 1500mm，在已画好的一点斜透视空间中，如果再想增加空间的进深感，可以通过中点 O 与 CV 的连线，并利用对角线的方法而达到增加进深的目的，如图 6-2-25 所示。

②分别连接对角线 e、c'与 e'、d'，并在 O ~ CV 上得到交点，利用连接对角线的方法而找到阳台的 1500mm 的进深点 d''。

③利用地面上对角线的方式找到 $f \sim f'$ 与 m'，连接 m' 与 f' 并延长，得到交点 a'''。

④依次将所得到的阳台进深点连接而得到阳台的进深面 $a'''b'''c''d''$，如图6－2－26所示。

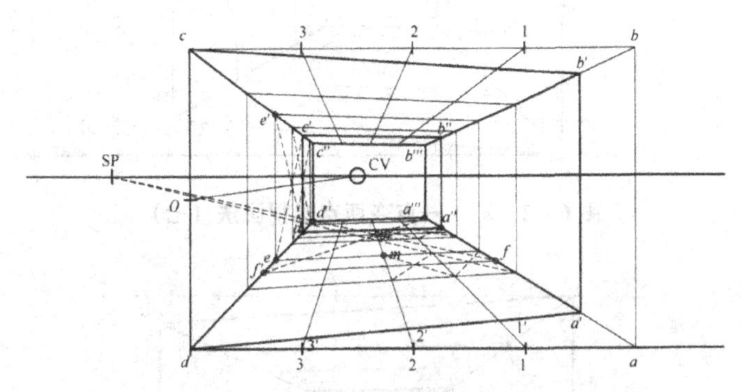

图6－2－25　一点变两点透视画法（五）

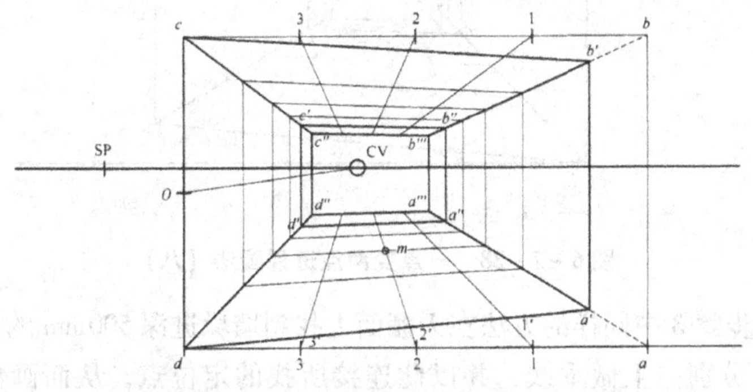

图6－2－26　一点变两点透视画法（六）

⑤以 a、d 点为基点，分别向上量取窗台高300mm，窗户高2000mm，并将所得到的高度点分别与视心 CV 相连接，从而画出飘窗的高度，如图6－2－27所示。

（3）画室内墙垛

①从平面图上可知墙垛的长、宽均为500mm。

②如图6－2－28所示，从 a 点向左量取500mm，得到 g 点，并将 g 点与视心 CV 相连接，与 $a'' \sim d'$ 交于点 g'。

③由平面图可知，墙垛的边缘是以 $a'' \sim d'$ 为基准的，因此沿 $a'' \sim d'$ 并利用地面的对角线找到1000mm的位置，再通过对角线的交点找到墙垛进深500mm的位 g'' 点，如图6－2－28所示。

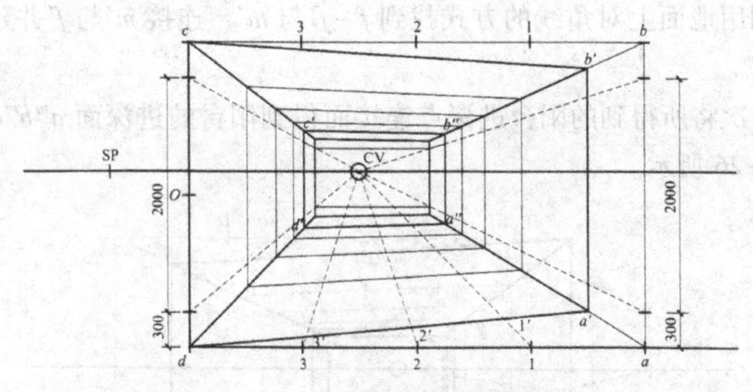

图6－2－27　一点变两点透视画法（七）

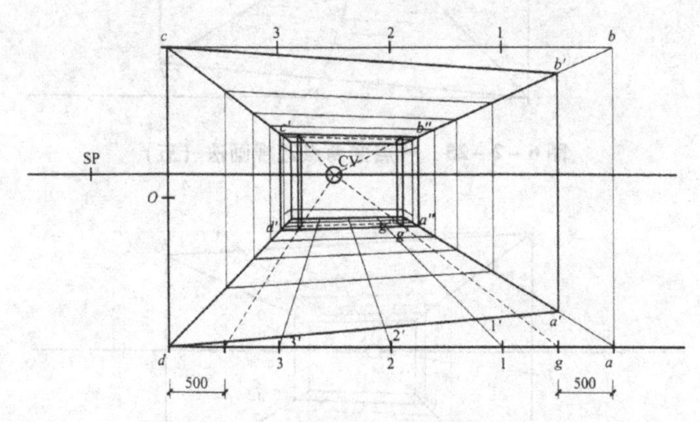

图6－2－28　一点变两点透视画法（八）

④用步骤③中同样的方法在天棚面上找到墙垛进深500mm的点，再通过g'与g''分别向上做垂线，并以此连接所找的定位点，从而画出墙垛的长、宽、高。

⑤利用以上同样的方法画出左侧的墙垛，从而得到图6－2－29。

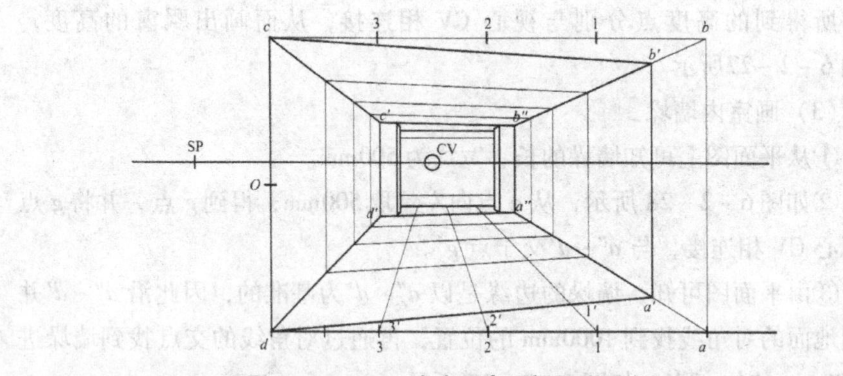

图6－2－29　一点变两点透视画法（九）

（4）画天花板中边棚部分（H = －100mm）

①从室内平面图中，我们可以看出边棚的宽度为500mm。因此在透视图中，分别从 b 点和 c 点向内侧量取500mm，得到 h 点和 i 点，并分别将 h 点和 i 点与视心 CV 相连接，从而找到透视图中边棚的边缘部分，如图6－2－30所示。

②如图6－2－31所示，从 c 点和 b 点分别按照比例向下方量取100mm的高度，并将所得到的高度点与视心 CV 连接。在 $a'b'$ 上找到100mm的高度点，将 $a'b'$ 与 cd 上所得到的高度点进行连接。

③分别通过所得到的高度点与视心 CV 相连接，从而将透视图中边棚全部画出。

④如图6－2－32所示，最后将可见的边棚线用粗线画出，将看不见的线用细线代替，至此完成了所需图形。

（5）画地板上的物体（以床为例，其尺寸为2000×2000×H450）

①依据平面图中床所在网格中的位置，在透视图中找出相应的位置为 $jjk'k'$，如图6－2－33所示。

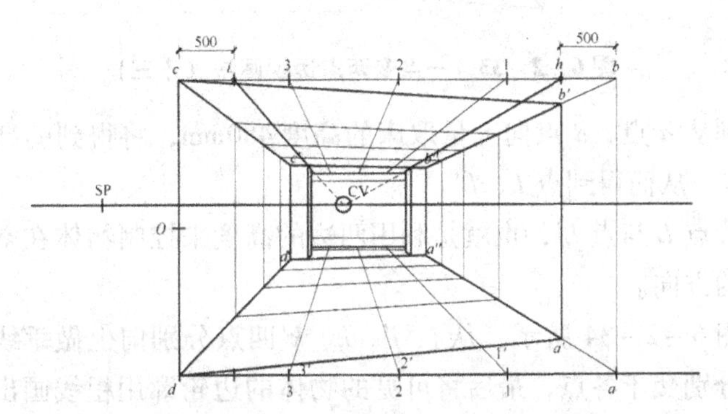

图6－2－30　一点变两点透视画法（十）

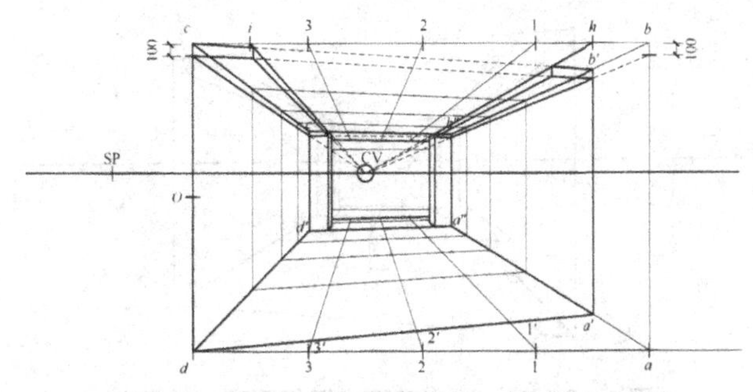

图6－2－31　一点变两点透视画法（十一）

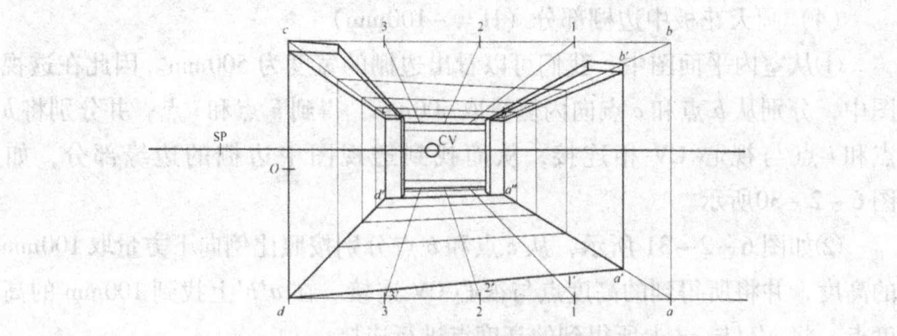

图 6－2－32　一点变两点透视画法（十二）

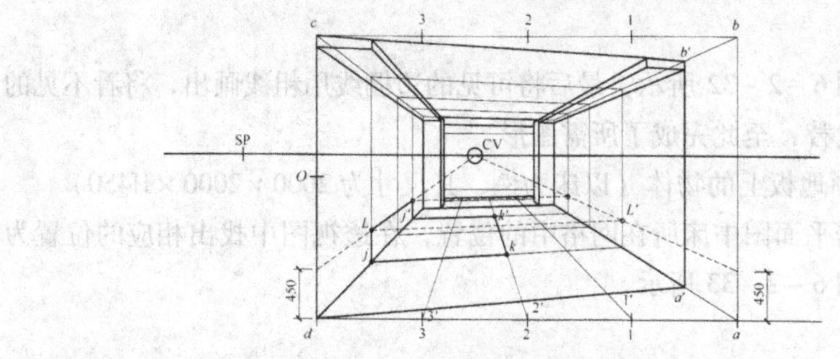

图 6－2－33　一点变两点透视画法（十三）

②分别从 a 点、d 点向上量取床的高度 450mm，将得到的高度点与视心 CV 相连，从而得到点 L、L'。

③连接点 L 与点 L'，也就是利用两边的高度来控制物体在空间中的横向透视线的方向。

④如图 6－2－34 所示，从 j、j'、k、k' 四点分别向上做垂线，与横向的透视线分别交于各点，最后将可见的物体的边轮廓用粗线画出，将看不见的线用细线代替，至此完成了下面的图形。

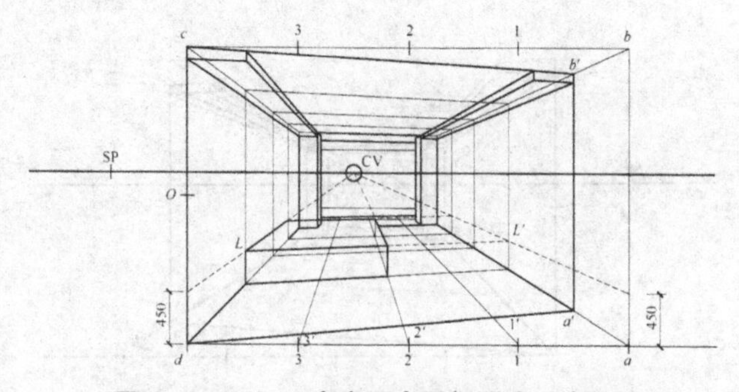

图 6－2－34　一点变两点透视画法（十四）

按照以上方法，依照平面图中物体所在的位置关系，将电视柜表现在透视图中，其相关步骤如图 6－2－35 和图 6－2－36 所示，图 6－2－37 所示为一点斜透视的示意图。

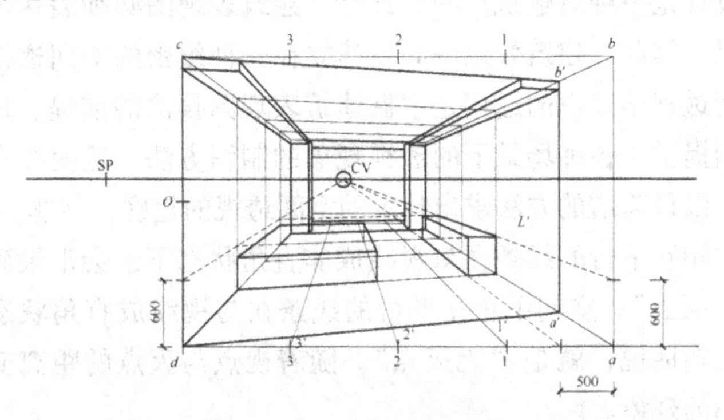

图 6－2－35　一点变两点透视画法（十五）

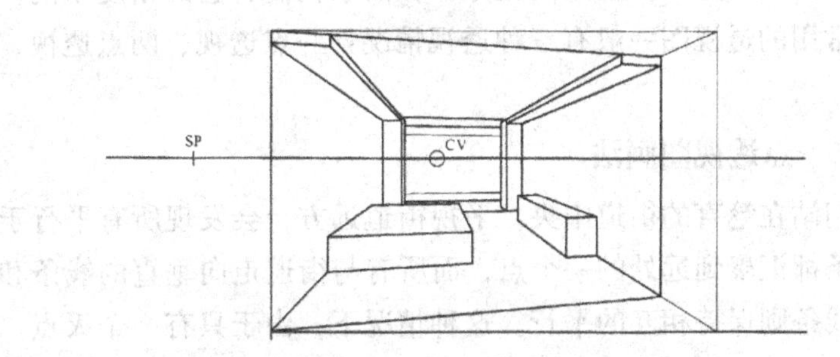

图 6－2－36　一点变两点透视画法（十六）

图 6－2－37　一点斜透视示意图（作者：张红松）

3. 总结一点斜透视画法作图要领

（1）对于空间中物体的真实高度都要在 *ab* 与 *dc* 线上量取，并与视心 CV 相连，且利用两边的高度线来控制空间中横向透视线。

（2）对于空间中物体的真实宽度，一定要在 *ad* 或 *bc* 上截取。

二、建筑设计透视图及其画法

建筑设计是一种对建筑空间的设计，建筑表现图必须表达出这种空间的设计效果，因此，建筑效果图必须建立在一种缜密的空间透视关系的基础之上，而透视学知识的运用是掌握建筑表现图技法的前提。现代制图学已经为我们提供了各种场景下的透视现象的制图方法，然而在实践中能够融会贯通，以最简洁的方法求出特定的空间透视的轮廓，并非一日之功。

空间中相互平行的线条在与视线成非直角状态下，会汇聚到一点，这个点称为“灭点”；空间中相互平行的线条在与视线成直角状态下，会保持平行，换句话说，就是“无灭点”。随着视点与灭点的距离变化，会出现近大远小的现象。

建筑物一般多为三度空间的立方体，由于我们看它的角度不同，在建筑表现中常用的透视图一般有三种透视情况：一点透视、两点透视、三点透视。

（一）一点透视图画法

当我们站在笔直的街道中央，平视街道远方，会发现所有平行于街道走向的线条都汇聚到远处的一个点，而所有与街道走向垂直的线条和垂直于地面的线条则保持相互的平行。这种情况下，由于只有一个灭点，所以称为“一点透视”，也称“平行透视”，这是最基本的透视作图方法，如图6－2－38所示。由于一点透视给人以稳定、平静的感受，适合表现建筑的庄重、肃穆的气氛，因此这种方法常常用于表现一些纪念性的建筑，如图6－2－39所示。

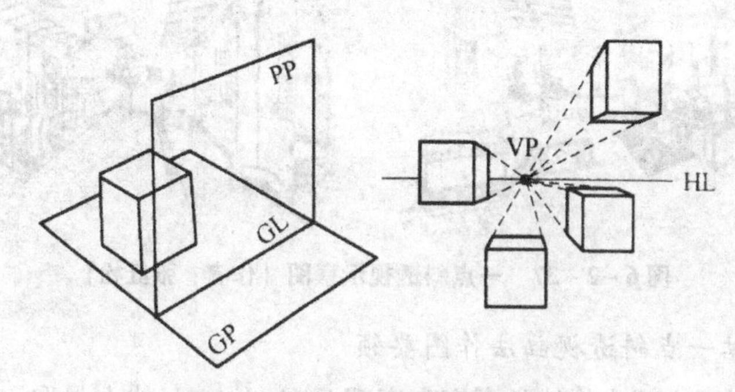

图6－2－38　一点透视示意图

图 6－2－39　用一点透视方法表现的建筑效果（作者：史南）

1. 画图准备

只需要一张项目的平面图和立面图就可以建立任何角度的一点透视图。

实例：构建一个长 6000mm，宽 3000mm，高 3000mm 建筑物的一点透视，观察者站在离建筑物 9000mm 远的地方，与建筑立面平行观察建筑。

2. 画图步骤

（1）用一条直线①代表显像面，将建筑平面平行放于显像面之上，这个角度形成的透视为一点透视，用相同的尺寸比例在下面离建筑角 9000mm 的地方定位测点 SP（因为假设观察者离建筑角 9000mm），如图 6－2－40所示。

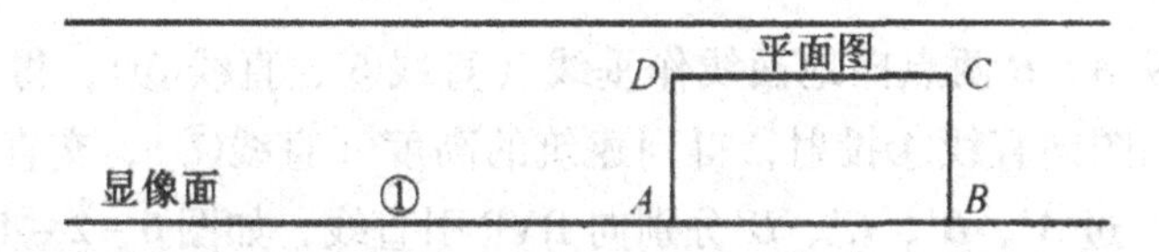

图 6－2－40　一点透视图画法（一）

（2）在任何需要的位置画出地面线（直线②，将建筑的正面图放置于其上，正面图和平面图的尺寸比例要一致，如图 6－2－41 所示。

（3）用同样的尺寸比例在地面线上 15000mm 处画出视平线（直线③），再从测点向上做垂线（直线④）与视平线的交点就是视平线上的灭点 RVP，如图 6－2－42 所示。

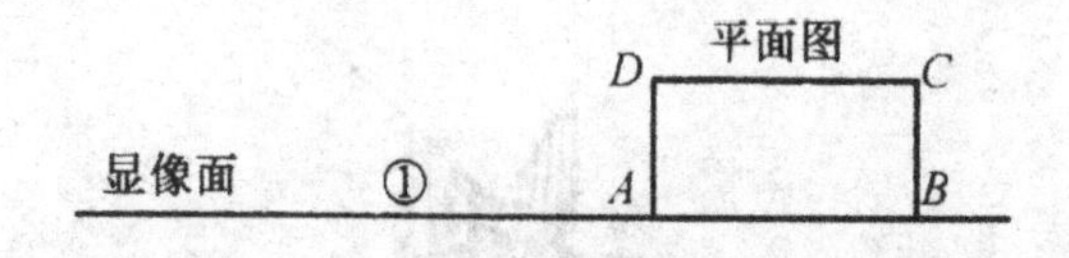

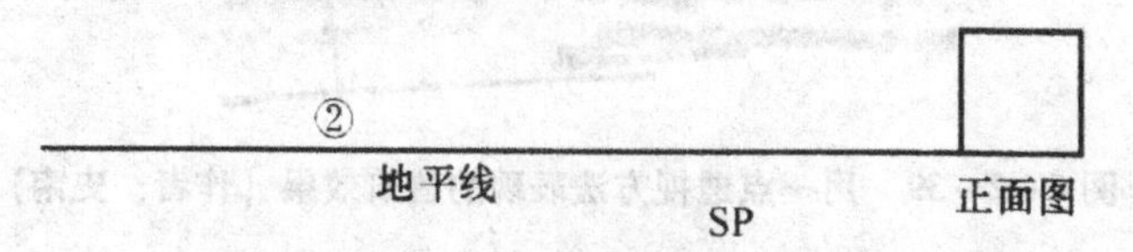

图 6－2－41　一点透视图画法（二）

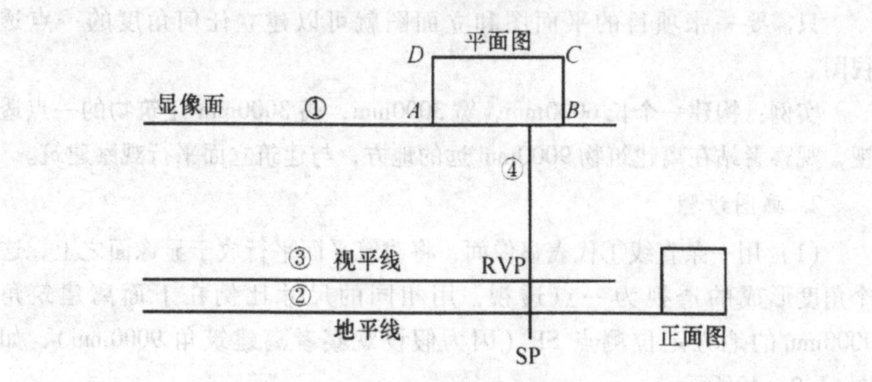

图 6－2－42　一点透视图画法（三）

（4）从 A、B 两点向地面线作垂线（直线⑤、直线⑥），得 A'、B' 两点。从正面图向直线④投射，得到建筑的高度（直线⑦），交直线⑤、⑥于 D'、C'。过 A'、B'、C'、D' 分别向 RVP 引直线，如图 6－2－43 所示。

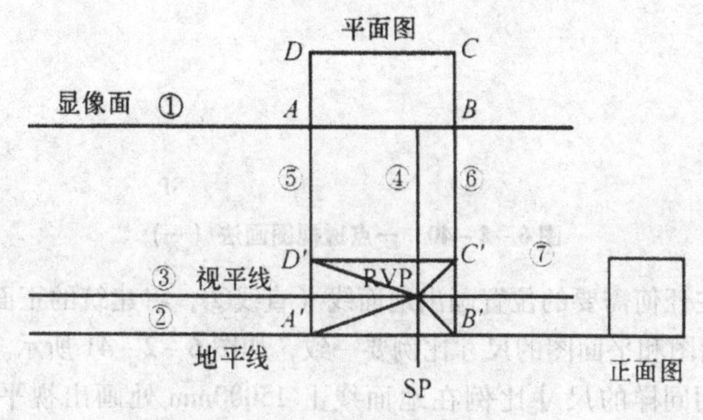

图 6－2－43　一点透视图画法（四）

（5）分别过 C、D 两点向 SP 引直线交显像面于 E、F，过 E、F 点向视平线引垂线，连接垂线与各直线的交点，这样建筑的一点透视就完成了，如图 6－2－44 所示。

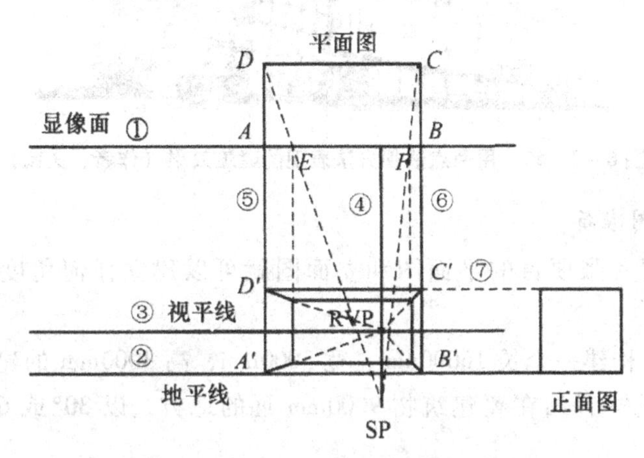

图 6－2－44　一点透视图画法（五）

（二）两点透视图画法

当我们站在街道的一侧，向街道的另一侧平视，会发现所有平行于街道走向的线条都汇聚到远处的一点，所有垂直于街道走向的线条则汇聚到另一点，而垂直于地面的线条则保持相互的平行，如图 6－2－45 所示。

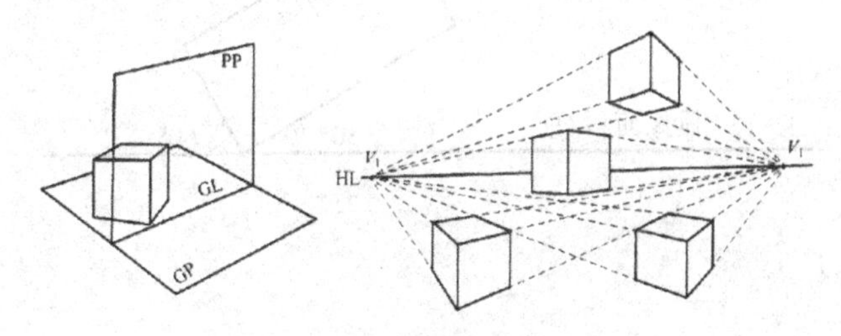

图 6－2－45　两点透视示意图

这种情况下，由于有两个灭点，所以称为“两点透视”，也称“成角透视”。因两点透视能够比较自由活泼的反映出建筑物的正侧两个面，容易表现出建筑物的体积感，并能够具有较强的明暗对比效果，是一种具有较强表现力的透视形式，在建筑表现图中运用比较广泛，如图 6－2－46 所示。

图6-2-46 用两点透视方法表现的建筑效果（作者：史南）

1. 画图准备

只需要一张项目的平面图和立面图就可以建立任何角度的两点透视图。

实例：构建一个长16000mm，宽3000mm，高3000mm的建筑物的两点透视，观察者站在离建筑物9000mm远的地方，以30°或60°来观察建筑。

2. 画图步骤

（1）用一条直线①代表显像面，将建筑的平面图以30°或60°放置在显像面之上。这个角度是产生两点透视的最佳角度。用相同的尺寸比例在下面离建筑角9000mm的地方定位测点，如图6-2-47所示。

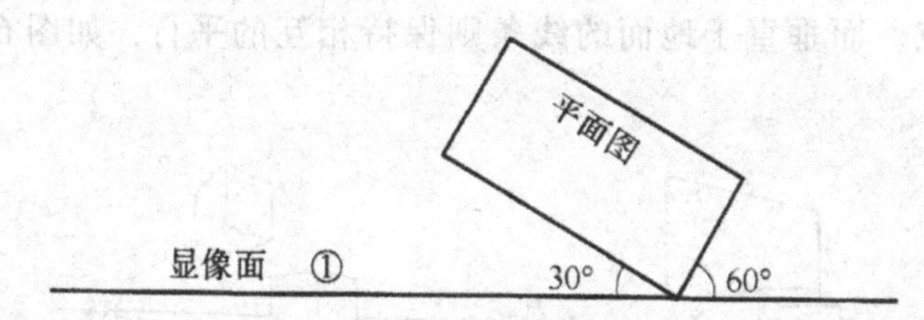

图6-2-47 两点透视图画法（一）

（2）从测点做出直线②与建筑的右侧线平行，直线②与显像面的交点就是右侧灭影点RVP。同理可以得到左侧的直线③和左侧灭影点LVP，如图6-2-48所示。

（3）利用直角尺，从测点向建筑的各个角投射直线④，与显像面的交点为G、H、L，如图6-2-49所示。

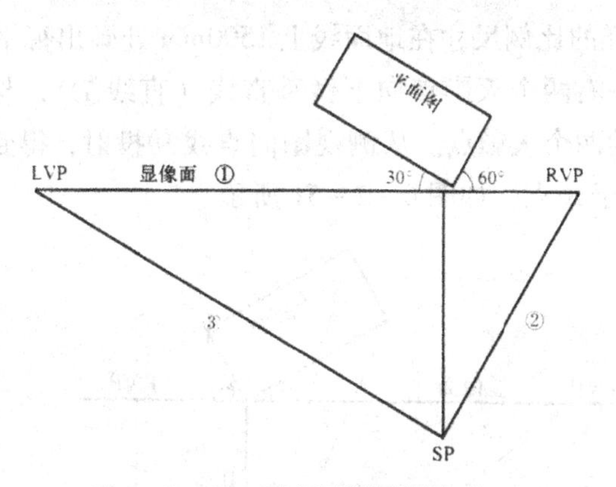

图6-2-48　两点透视图画法（二）

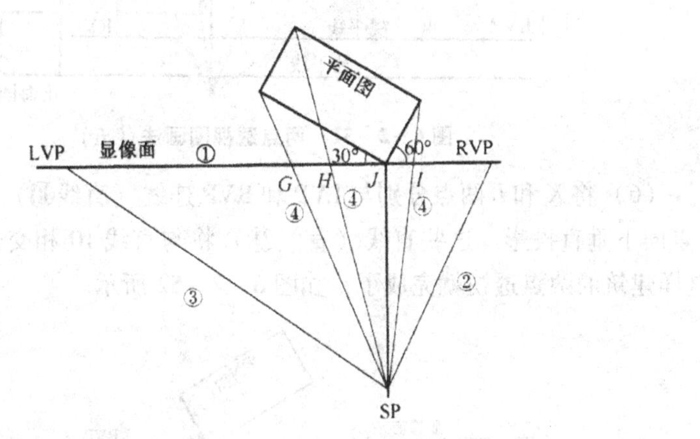

图6-2-49　两点透视图画法（三）

（4）在任何需要的位置画出地面线（直线⑤），将建筑的正面图放于其上；正面图和平面图的尺寸比例要一致，如图6-2-50所示。

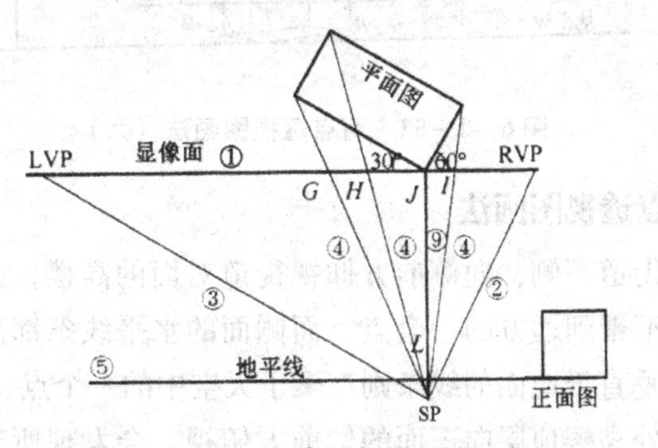

图6-2-50　两点透视图画法（四）

（5）用同样的比例尺寸在地面线上1500mm处画出视平线（直线⑥）。通过显像面的左右两个灭影点向下做垂直线（直线⑦），与视平线的交点就是视平线上的两个灭影点。从侧视图向直线⑨投射，得到建筑高度，并与直线 *JL* 相交于 *K* 点，如图6－2－51所示。

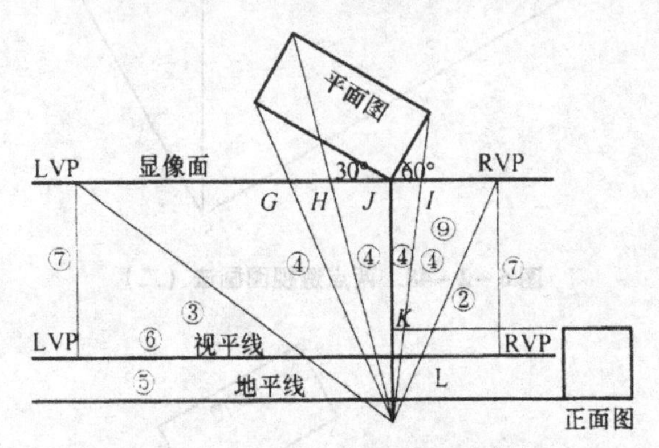

图6－2－51　两点透视图画法（五）

（6）将 *K* 和 *L* 两点分别与LVP和RVP连线（直线⑩），分别从 *G*、*H*、*I* 点向下垂直投影。这些直线（直线⑨）将与直线10相交于 *a*、*b*、*c*、*d*。这样建筑的两点透视就完成了，如图6－2－52所示。

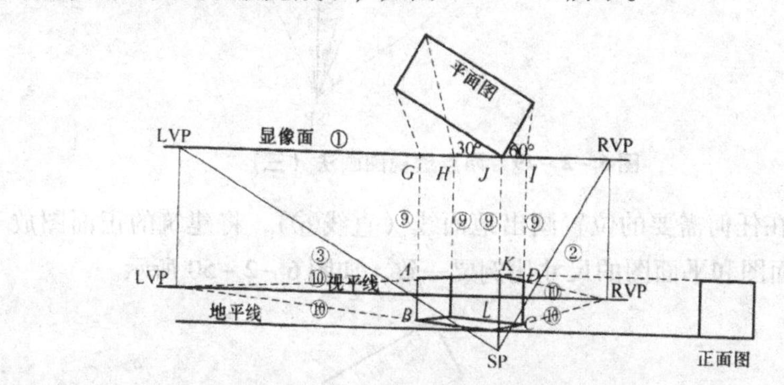

图6－2－52　两点透视图画法（六）

（三）三点透视图画法

当我们在街道一侧，向侧前方仰视街道对面的高楼，会发现高楼正面的水平线条都汇聚到远方的一个点，而侧面的水平线条都汇聚到远方的另一个点，高楼垂直于地面的线条则汇聚于天空中的一个点。

当我们身处高楼顶层向下面的侧前方俯视，会发现所有楼房正面的水平线条都汇聚到远方的一个点，侧面的水平线条都汇聚到远方的另一个点，而垂直于地面的线条则汇聚于地面以下的一个点。

这种情况下，由于有三个灭点，所以称为“三点透视”。这种透视方法具有强烈的透视感，特别适合表现那些体量硕大的建筑物。在表现高层建筑时，当建筑物的高度远远大于其长度和宽度时，宜采用三点透视法，如图 6－2－53 所示。

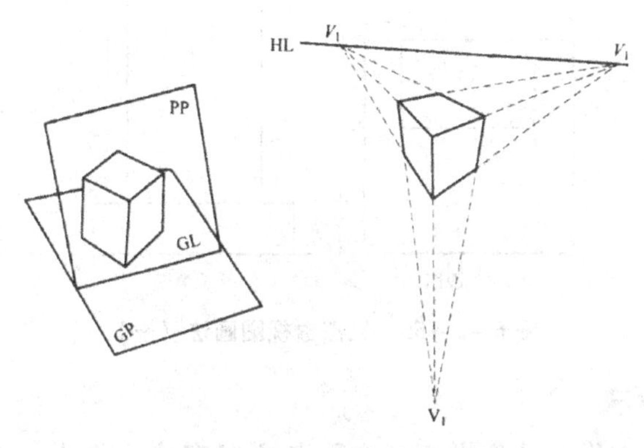

图 6－2－53　三点透视示意图

此外，在表现城市规划和建筑群时常常采用把视点提高的方法来绘制，无论是一点透视、两点透视还是三点透视，如果是站在高处向下观察，所得到的画面一般称为“鸟瞰图”，如图 6－2－54 所示。

图 6－2－54　用三点透视方法表现的建筑效果（学生作品）

1. 画图准备

已知某建筑物平、立面，如图 6－2－55 所示。

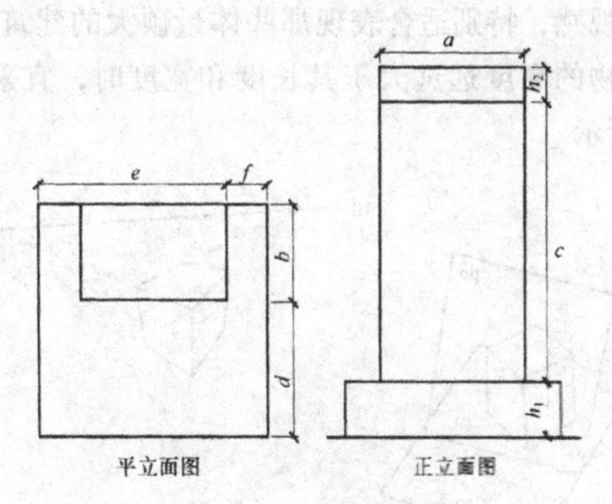

图 6－2－55 三点透视图画法（一）

2. 画图步骤

（1）按基本作图法，设立三个灭点及 M 各点，作出 o 点，引出 l、q 线，在 l、q 线上，量取建筑物长 oa、宽 ob 和高 oc。由各实长端连向各自的 M_1、M_2、M_3与透视线交得 a'、b'、c'，并分别连向 VP_1、VP_2及 VP_3三个灭点，如图 6－2－56 所示。

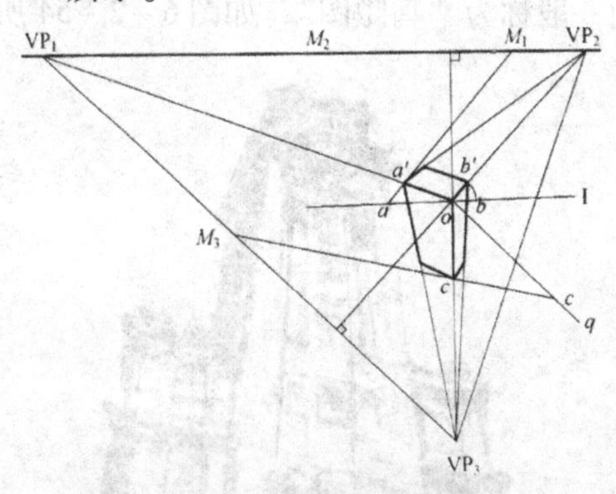

图 6－2－56 三点透视图画法（二）

（2）把以 o 为基点的 l 线平行下移，得到以 o'为基点的 l'线；在 l 线上取 od 长，过 d 向 VP_3引画透视线，od 实长则转移到 l'线上得 $o'd'$；连接 d'和 M_2与 VP_2 ~ o'的反向延长线交于 d''，则得出裙房前端的透视位置。

（3）oe、of 的透视位置，也先移到 l'上得到 e'、f'，再利用量点得出 e''和 f''，裙房顶部的透视即可求得；在 q 线上取裙房高 h_1，连 h_1 和 M_3，在 VP_3的透视线上取得裙房在 o'点处的透视高度，再通过灭点求出整个裙房的透视。

（4）在 q 线上反向取出顶部高度 h_2，连 h_2 和 M，在 VP_3 的透视线上取得转移的顶部高度即 oh'，再通过透视线求出顶部其他透视位置，如图6－2－57所示。

（5）反复用量点求透视位置点，向各灭点作透视线，擦去遮挡部分，至此完成（图6－2－58）。

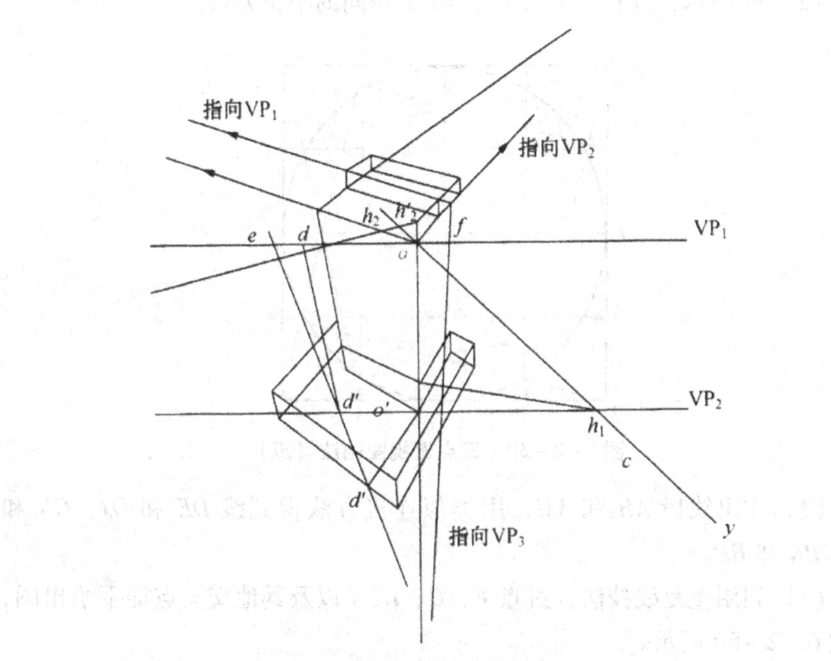

图6－2－57　三点透视图画法（三）

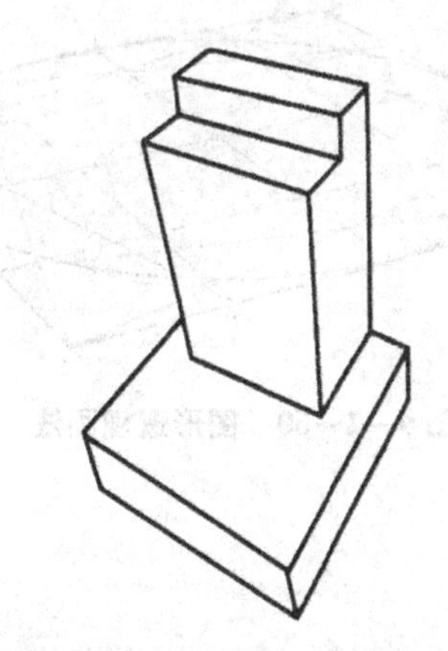

图6－2－58　三点透视图画法（四）

在满足不同需要的建筑表现图的绘制中，选择合适的透视方法和适当的视平线和视点，是成功的关键。另外，在作图过程中有意识地运用透视规律，突出重点，纠正错觉，都需要娴熟地运用透视作图方法。

（四）圆形透视画法

（1）在透视图中放置一个正方形 *ABCD*。将 *BC* 和 *CD* 分别四等分，如图6－2－59所示，并将正方形分成16个相同的小正方形。

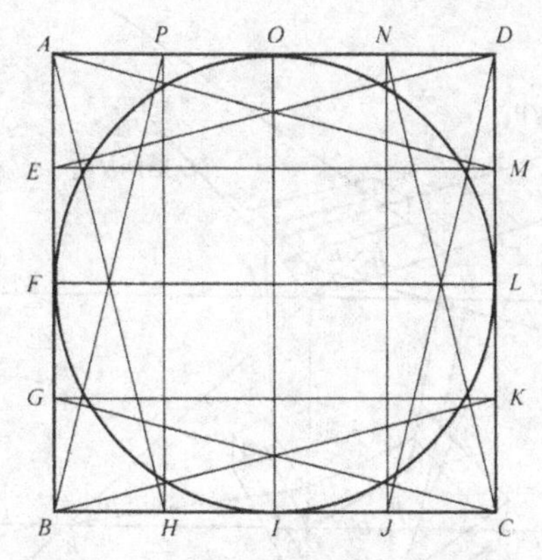

图6－2－59　三点透视图画法（五）

（2）作出线段 *AH* 和 *AM*，用类似连接方法得到线 *DE* 和 *DJ*、*CN* 和 *CG*、*BK* 和 *BP*。

（3）利用重复线技法，过点 *F*、*O*、*L*、*I* 以及其他交叉点徒手绘出圆，如图6－2－60所示。

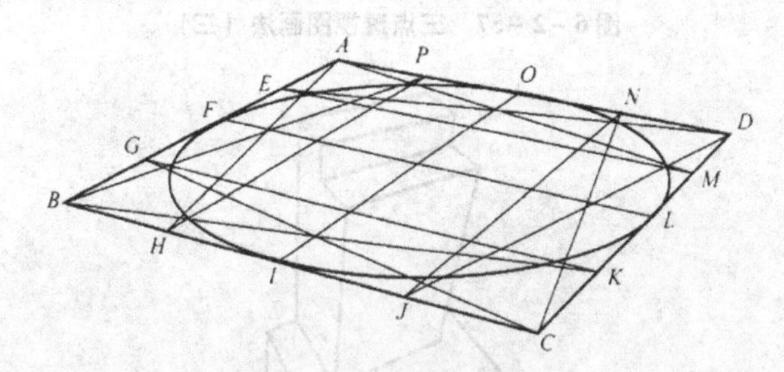

图6－2－60　图形透视画法

参考文献

[1] 唐晓雯．环境艺术设计和建筑设计的相关性分析［J］．美术教育研究，2017（01）．

[2] 刘日瑞．环境艺术设计手绘表现技法探析［J］．现代园艺，2017（04）．

[3] 张志刚．环境艺术设计及其艺术属性的研究［J］．艺术教育，2016（01）．

[4] 张晓．现代与传统的融合——论现代环境艺术设计中的传统文化元素［D］．石家庄：河北师范大学，2014．

[5] 潘俊峰．边缘·边界·跨界——当代中国环境艺术设计系统性研究［D］．天津：天津大学，2013．

[6] 鲍诗度．中国环境艺术设计［M］．北京：中国建筑工业出版社，2015．

[7] 王卓，杨玲等．环境艺术设计概论［M］．北京：中国电力出版社，2014．

[8] 刘雅培，李剑敏．环境艺术设计透视与表现［M］．北京：清华大学出版社，2014．

[9] 翟绿绮，马凯．环境艺术设计手绘表现技法［M］．北京：清华大学出版社，2014．

[10] 吴昆，顾艳秋等．环境艺术设计理论与实际应用［M］．北京：中国书籍出版社，2014．

[11] 王宝桥，孔舜．环境艺术设计手绘表现技法［M］．北京：清华大学出版社，2011．

[12] 黄舒立，李鸿明．环境艺术设计效果图表现技法［M］．北京：中国电力出版社，2015．

[13] 张天臻，吴晓淇．环境艺术设计表现技法［M］．上海：上海人

民美术出版社，2012.

［14］姜龙．环境艺术设计手绘表现［M］．北京：北京大学出版社，2011.

［15］杨小军，宋拥军．环境艺术设计原理［M］．北京：机械工业出版社，2011.

［16］吴传景，张学凯．环境艺术设计效果图表现技法［M］．武汉：华中科技大学出版社，2016.

［17］郑曙旸．环境艺术设计［M］．北京：中国建筑工业出版社，2010.

［18］宫艺兵，张红松．环境艺术设计快速表现技法［M］．北京：科学出版社，2010.

［19］韦爽真．环境艺术设计概论［M］．重庆：西南师范大学出版社，2012.

［20］齐伟民，王晓辉．城市环境艺术概论［M］．长春：吉林美术出版社，2013.

［21］李蔚青．环境艺术设计基础［M］．北京：科学出版社，2010.

［22］曹瑞林．环境艺术设计［M］．郑州：河南大学出版社，2005.

［23］陈飞虎．环境艺术设计概论［M］．长沙：湖南美术出版社，2004.

［24］辛艺峰．城市环境艺术设计快速效果表现［M］．北京：机械工业出版社，2004.

［25］郝卫国．环境艺术设计概论［M］．北京：中国建筑工业出版社，2006.

［26］吴家骅．环境设计史纲［M］．重庆：重庆大学出版社，2002.

［27］宛素春．城市空间形态解析［M］．北京：科学出版社，2004.

［28］郑曙旸．景观设计［M］．杭州：中国美术学院出版社，2002.

［29］俞孔坚，李迪华．景观设计：专业科学教育［M］．北京：中国建筑工业出版社，2003.

［30］江滨．环境艺术设计快题与表现［M］．北京：中国建筑工业出版社，2005.

［31］李砚祖．环境艺术设计［M］．北京：中国人民大学出版社，2005.